U0742282

真诚力

[仇志英·著]

季布一诺赛黄金

诚者，天之道也；思诚者，人之道也

中国出版集团 现代出版社

图书在版编目(CIP)数据

真诚力:季布一诺赛黄金 / 仉志英著. —北京 : 现代出版社,2014.2
(2021.3 重印)

(身心灵魔力书系)

ISBN 978 – 7 – 5143 – 1969 – 9

Ⅰ.①真… Ⅱ.①仉… Ⅲ.①散文集 – 中国 – 当代

Ⅳ.①I267

中国版本图书馆 CIP 数据核字(2014)第 022269 号

作　　者	仉志英	
责任编辑	王敬一	
出版发行	现代出版社	
通讯地址	北京市安定门外安华里 504 号	
邮政编码	100011	
电　　话	010 – 64267325 64245264(传真)	
网　　址	www.1980xd.com	
电子邮箱	xiandai@ cnpitc. com. cn	
印　　刷	河北飞鸿印刷有限责任公司	
开　　本	700mm ×1000mm　1/16	
印　　张	11	
版　　次	2014 年 2 月第 1 版　2021 年 3 月第 3 次印刷	
书　　号	ISBN 978 – 7 – 5143 – 1969 – 9	
定　　价	39.80 元	

P前　言
REFACE

为什么当代的青少年拥有幸福的生活却依然感到不幸福、不快乐？怎样才能彻底摆脱日复一日的身心疲惫？怎样才能活得更真实快乐？

对于每个人来讲，你可能是幸福的、满足的，也可能是不幸福的。因为你有选择的权利。决定你选择的因素只有一点，那就是你是接受积极的还是消极心态的影响。而这个因素是你所能控制的。

你是否觉得烦恼、孤寂、不幸、痛苦？你是否感受过快乐？你是否品尝过幸福的味道？烦恼、孤寂、不幸、痛苦、快乐、幸福，这些都是形容词，而所有的形容词都是相对而言的。没尝过痛苦，又怎知何谓幸福的人生？总是到紧要关头才发现，幸福早就放在自己的面前。人的幸福，是人们对它的理解和感觉所赋予的，其实，幸福与否只在于你的心怎么看待。不幸又岂非人生之必经？有时候很奇怪，每每拥有幸福的时候，人往往不懂得这些就是幸福，总是要到失去以后才发现，幸福早就放在了自己的面前。

肚子饿坏时，有一碗热腾腾的面放在你眼前，是幸福；累得半死时，有一张软软的床让你躺上去，是幸福；哭得伤心欲绝时，旁边有人温柔地递过来一张纸巾，是幸福……幸福没有绝对的定义，幸福只是心的感觉。幸福与否，只在于你的心怎么看待。你要是总感觉自己钱没有别人多，地位没有别人高，妻子没有别人的漂亮，丈夫没有别人的体贴，孩子没有别人的聪明，你能感到幸福吗？

真诚力——季布一诺赛黄金

　　越是在喧嚣和困惑的环境中无所适从，我们越觉得快乐和宁静是何等的难能可贵。其实"心安处即自由乡"，善于调节内心是一种拯救自我的能力。当人们能够对自我有清醒认识，对他人宽容友善，对生活无限热爱的时候，一个拥有强大的心灵力量的你将会更加自信而乐观地面对现实，面向未来。

　　本丛书将唤起青少年心底的觉察和智慧，给那些浮躁的心清凉解毒，进而帮助青少年创造身心健康的生活，来解除心理问题这一越来越成为影响青少年健康和正常学习、生活、社交的主要障碍。本丛书从心理问题的普遍性着手，分别描述了性格、情绪、压力、意志、人际交往、异常行为等方面容易出现的一些心理问题，并提出了具体实用的应对策略，以帮助青少年朋友科学调适身心，实现心理自助。

C目 录
ONTENTS

第三章 真诚是一种心灵之花

第四章 要的就是真诚本色

第五章 老实人也有好机遇

第一章
真诚，生命的起点

　　真诚是一种正确的做人的态度。待人待己，都用真心相待，以诚意相待，这就叫真诚。具体表现是做人诚恳、做事认真；很把别人当人，真把某事当回事。这就是真诚。

　　再说明白一点，就是百分之百地把别人的事当成自己的事，把别人的痛苦忧愁当成自己的痛苦忧愁，把别人的快乐当成自己的快乐。更甚者，是对别人的用心的程度超过了对自己。一个人若要厚德博学，最要紧的是要有真诚心，有几分真诚心，就会有几分成就。

真诚是友谊的保障

一份疏离了的情感，穿过时空之旅，在完全不经意时重新得到关注，必然会引起一份深深的感动。生命历经沧桑，已不可能再有狂热的激情。然而，平静的感动依然是来自于生命底部更深刻的人生意义。

拂去岁月的尘埃，我们相对而坐。心中仿佛有雷声滚动，一声炸雷可以惹哭满天的云朵。为不触及那份伤痛，我们依然保持了那份宁静和淡泊。

这是一种境界。同时也是一种方式。

从你的眸语中，我依然读到了你内心的焦虑，苦闷和渴望诉说的激情。你依然未曾找到面对灵魂说话的对象吗？看来世界虽大，知己却难得，有质量的朋友越来越少。真诚是人人赞美的，但，越是赞美的东西越是稀有。这是不成文的法则。

你说你是真心真诚想帮助别人却得不到预期的效果，你为你许下的诺言没有实现而自愧。

其实，友情的本质，并不需要海誓山盟，赴汤蹈火去为对方办什么惊天动地的大事。有道是——君子之交道也，小人之交利也。友情应是雨中的伞，雪中的炭；是心灵的默默守护，是相互间的娓娓诉说，令对方的灵魂有所搁置，无论是崇高，无论是猥琐，哪怕有一万次真诚的过失，但决不可有一丝一毫的虚伪。否则，有一个卑鄙的朋友，远比有一个正直的敌人可怕得多。

真诚的友情是可贵的，这比爱情更可靠。

爱情是一朵花，虽美却总有枯萎的时候，而友情却能地久天长。

因此，我们不要拒绝真诚的友情！

曾经有过的伤痛都会随着岁月的流逝而消退，人生不过区区数十年，何必记着许多的怨恨呢？我希求人与人之间充满善意，真诚和友爱。我力求自己不去有负与他人，而别人对我有意无意的伤害，无论时间长短都能得到谅解。因而，也曾有过再伤害，再谅解的轮回。这期间，心，有过流血，也有过绝望。一个哲人曾说过：一个人若在同一个地方跌倒两次，那么这个人就无可救药了。

但，这则警句并没有使我取消了谅解的态度。在谅解的同时我坚持真诚。而真诚并没有辜负了我。在漫长的认识过程中我拥有了许多朋友。

因此，我对你说，并不是所有人的手都是伸进别人衣袋里的偷儿。不妨多一些豁达，少一些琐碎，你的心灵还永远孤独吗？

不过，也有的人一生都在交朋友，最终一个朋友也没有；有的人从不交朋友，但最终拥有很多。这不能不是令人深思的问题。

真诚也是心灵的真正付出才能获得啊！

魔力悄悄话

真诚的友谊是雨露，清甜、爽心，滋润着彼此的心田；它是和煦的春风，温馨、醉人，吹拂着彼此的梦幻；它是欢乐的歌声，美妙、动听，驱散了彼此的悲伤。真诚的友谊没有地位，年龄的界限，不会因为你的富有而加深；也不会因为你的贫困而褪色；相反，越是贫困中越能体会出友谊的温情，真诚的友谊不能用金钱来衡量。

向别人展示你的真诚

真诚既是对别人的尊重, 也是对自己的负责。 敷衍和欺骗别人, 可能一时能得到一些好处, 但长此以往, 你的信誉度会降到谷底, 别人不再愿意与你这样的人打交道。只有以诚待人, 才能换来别人的真心回报。真诚既是对别人的尊重, 也是对自己的负责。

有个发生在美国的真实故事。

在一个风雨交加的夜晚, 一对老夫妇走进一间旅馆的大厅, 想要住宿一晚。但饭店的夜班服务生说:"十分抱歉, 今天的房间已经被早上来开会的团队订满了。若是在平常的日子, 我会送两位到附近的旅馆, 可是我无法想象你们要再一次地置身于风雨中, 你们何不住在我的房间呢? 它虽然不是豪华的套房, 但是还是蛮干净的, 因为我要值夜班, 所以我可以在办公室休息。"这位年轻人很诚恳提出这个建议。老夫妇大方地接受了他的建议, 并对造成的不便向服务生致歉。第二天雨过天晴, 老先生前去结账, 柜台前仍是昨晚的这位服务生, 他依然亲切地表示:"昨晚你住的房间并不是饭店的客房, 所以我们不会收你的钱, 也希望你与夫人昨晚睡得安稳!"老先生点头称赞:"你是每个旅馆老板梦寐以求的员工, 或许改天我可以帮你盖栋旅馆。"几年后, 这个服务生收到一封挂号信, 信中说了那个风雨夜晚所发生的事, 另外还附了一张到纽约的来回机票, 邀请他到纽约一游。在抵达曼哈顿几天后, 服务生在第五街及34街的路口遇到了当年的旅客, 这个路口正矗立着一栋华丽的新大楼, 老先生说:"这是我为你盖的旅馆, 希望你来为我经营, 记得吗?"这位服务生无比震惊, 说话突然变得结结巴巴:"你是不是有什么条件? 你为什么选择我呢? 你到底是谁?""我叫威廉·阿斯特, 我没有任何条件, 我说过, 你正是我梦寐以求的员工。"这旅馆就是纽约最知名的华尔道夫饭店, 这家饭店在1931年启用, 是纽约极致尊荣的地位象征, 也是各国的高层政要造访纽约下榻的首选。当时接下这份工作的服务生是乔治·波特，一位奠定华尔道夫世纪地位的推手。是什么让这位服务生改变了他事业生涯的命运？毋庸置疑的是他遇到了"贵人"，可是如果当天晚上他没有那样真诚地对待老夫妇，还会有这样的结果吗？

　　日本著名企业家吉田忠雄在回顾自己的创业成功经验时说过，为人处世首先要诚信，以诚待人才会赢得别人的信任，否则一切都是无根之花，无本之木。在创业的初期，吉田忠雄曾经做过一家小电器商行的推销员。开始的时候，他做得并不顺利，很长时间业务都没有什么起色，但他并没有灰心。有一次，他推销出去了一种剃须刀，半个月内和20几位顾客做成了生意。但是后来他突然发现他所推销的剃须刀比别家店的同类型产品价格高，这使他深感不安。经过深思熟虑，他决定向这20几家客户说明情况，并主动请求向各家客户退还价款上的差额。他的这种以诚待人的做法深深感动了客户，他们不但没收价款差额，反而主动向吉田忠雄订更多的货，并在原有的基础上增添了许多新品种。这使吉田忠雄的业务数额急剧上升，为以后公司的发展打下了良好的基础。

魔力悄悄话

　　人生充满了许许多多的机缘，每一个人都可能将自己推向一个高峰。所以我们不要轻视任何一个人，也不要疏忽任何一个可以助人的机会，学习对每一个人都热情以待，把每一件事都做到完善，对每一个机会都充满感激。要知道，能够以诚待人的我们就是自己最重要的"贵人"。

给生命一个真诚的微笑

徜徉在生命的长河,接受着清泉的洗礼,总有冲不净的情,流不干的泪,理不清的愁,诉不完的苦。想翻越高山,面前荆棘无数,想趟过海洋,远处巨浪惊涛。

境由心生,快乐靠自己决定。难过无助时,给自己一个微笑,好比酷暑之中的一丝细雨;依依惜别时,给对方一个微笑,好比黑夜中的星星照亮"孤独";高谈阔论时,再多加一个微笑,好比雨后的太阳灿烂温暖。给生命一个真诚微笑的人,一定是一个对生活充满阳光的人。

安徽黄山上的迎客松,它的笑脸迎来了世界各地的客人。上帝似乎对它有些不公平,把它扔在一个山崖上不闻不问。但它始终顽强、努力地生长着,报答滋润它的那片土地。它每生长一些就要经历几度寒暑,几度春秋,终于,经过它的努力,长成了雄伟、苍劲的大树。

迎客松并没有埋怨上帝,它把这些都化成了一个微笑,微笑地面对生活,微笑地面对坎坷。这也是人生的境界。

给生命一个微笑。无论你是伫立在高高的顶峰,还是徘徊在失落的低谷。

微笑着的人并不是没有伤心难过的时候,只不过他们把痛苦锤炼成绚丽的乐章;微笑着的人并非没有挫折,只不过他们把挫折当作前进的动力。给生命一个微笑,你将会拥有一个快乐的人生。

真诚与信任

信任一个人有时需要许多年的时间。因此,有些人甚至终其一生也没有真正信任过任何一个人,倘若你只信任那些能够讨你欢心的人,那是毫无意义的;倘若你信任你所见到的每一个人,那你就是一个傻瓜;倘若你毫不犹疑、匆匆忙忙地去信任一个人，那你就可能也会那么快地被你所信任的那个人背弃；倘若你只是出于某种肤浅的需要去信任一个人，那么接踵而来的可能就是恼人的猜忌和背叛；但倘若你迟迟不敢去信任一个值得你信任的人，那永远不能获得爱的甘甜和人间的温暖，你的一生也将会因此而黯淡无光。

魔力悄悄话

信任是一种有生命的感觉，信任也是一种高尚的情感，信任更是一种连接人与人之间的纽带。你有义务去信任另一个人，除非你能证实那个人不值得你信任；你也有权受到另一个人的信任，除非你已被证实不值得那个人信任。

成功之道:给智慧掺些真诚

多年前,在美国纽约州的一座村庄,一个木匠来到一个铁匠铺,对铁匠说:"请给我做一柄最好的锤子,做出你能做得最好的那种。"

"我做的每一柄锤子都是最好的,我保证。"铁匠戴维·梅尔多非常自信地说,"但你会出那么高的价钱吗?"

"会的。"木匠说,"我需要一柄好锤子。"

最后,铁匠梅尔多交给那位木匠的的确是一柄很好的锤子。对于这位木匠来说,他做木匠十多年,用过不少锤子。可是,他还从来没有见过哪柄锤子比这个更好。

尤其值得称道的是,锤子的柄孔比一般的要深,柄可以深深地嵌入孔中。这样,在使用时锤头就不会轻易脱柄。

木匠对这个锤子非常满意。回到工地后,他不住地向同伴炫耀他的新工具。

第二天,和他一起做工的木匠都跑到铁匠铺,每个人都要求订制一把一模一样的锤子。

这些锤子很快被工头看见了,于是,工头也来给自己订了两把,而且要求比前面订制的都好。

"这我可做不到。"梅尔多说,"我打制每个锤子的时候,都是尽可能把它做得最好,我不会在意谁是主顾。"

后来,一个五金店的老板听说了此事,一次在梅尔多这里订了两打锤子。

不久,纽约城里的一个商人经过这座村庄,偶然看见了梅尔多为五金店老板打制的锤子,强行把它们全部买走了,还另外留下了一个长期订单。

在漫长的工作过程中,梅尔多总是在想办法改进铁锤的每一个细节,并不因为手里握着的只是一柄铁锤而疏忽大意。

尽管这些锤子在交货时并没有什么"合格"或"优质"等标签,但人们只要在锤子上见到"梅尔多"几个字,就会毫不犹豫地买下它。

就这样,在这个不起眼的乡村小镇诞生的小铁锤,慢慢地成了美国乃至全世界的名牌产品,而梅尔多本人也凭着这些铁锤成为富翁。

魔力悄悄话

梅尔多铁锤之所以畅销,是因为每一把梅尔多铁锤都是最好的。梅尔多之所以成功,是因为他总是用真诚把每一柄铁锤做得最好。在这个世界上,只有真诚地付出,别人才会回报给我们以尊敬和支持。给智慧掺些真诚,成功之门才会向我们敞开。

真诚从来就不吃亏

用心冲好一壶浓浓的功夫茶,讲述 18 岁以后的创业故事,38 岁的林国庆语速不紧不慢:"功夫茶需要慢慢地品味。"

像鹰一样捕捉商机

在不少下属和同行的眼里,甘肃兰州鸿安集团董事长、总经理林国庆的"发家史"十分传奇。带着 2000 元钱,1990 年,林国庆从福建莆田老家北上兰州,倾其所有盘下同学惨淡经营的一个路边店,开始自己的陶瓷专卖。不过 3 年,成为多家陶瓷知名品牌的西北总代理,年销量在四五百万元以上。又一个 3 年后,已稳坐兰州陶瓷生意头把交椅的林国庆,主动压缩自己的销量,建起大型陶瓷石材批发市场,接纳陶瓷经销商 300 多家。再一个 3 年,林国庆将自己的事业拓展到了北京,还是同样的行当,也做得顺风顺水。就在去年,他又成功地将北京的陶瓷市场转型为汽配市场。

打虎亲兄弟,上阵父子兵。和许多南方创业者一样,在兰州站稳脚跟后,林国庆迅速带出了一大批家族成员,不少人就在公司任职。可到第二个 3 年,公司步入正轨后,他开始规劝包括妻子在内的所有家族成员退出公司经营。

现如今,集团所属 4 家公司、80 多个管理岗位,无一个家族成员。不仅如此,当许多怀揣梦想的北方创业者选择"孔雀东南飞"的时候,生于海滨的林国庆却将全家的户口迁到了兰州,做起了地道的西北人。"应该以事业为中心。"林国庆举止温文尔雅,可谈起对商机的把握,眼里透着鹰一样的敏锐:"不能放过任何一个发展机会。一旦盯住,就要全力捕捉。"敏锐让林国庆掘得了陶瓷行当的第一桶金。

"1992年,当我还在为一块瓷砖挣两三分钱努力的时候,有一天,店里来了一个负责宾馆基建的人,一开口就要3万片瓷砖,可他手里拿的样品我从来没有见过。意识到这可能是今后瓷砖流行的趋势后,我当场答应来人的要求,并留下样品。顺着他提供的线索,在一家国有建材公司的仓库见到了同样的瓷砖。看货的瞬间,我记下包装箱上厂家的电话。电话打过去,我激动了,建材公司要价3.8元一块的砖,广州厂家1.5元就可以发货。毫不犹豫,筹足钱,带着样品我就上了南下的火车。"

广州之行让林国庆大开眼界。发回的第一车皮瓷砖,以远低于建材公司的价格供货,很快销售一空,赚了4万多元。接着发第二车皮货,第三车皮货。接着他就成了这家知名品牌的西北总代理。"无商不奸。"在不少人看来,商人逐利是天性,尤其是精明的商人,难有真诚和厚道。可熟悉林国庆的朋友都说:"国庆这人其实特真诚。"

初出茅庐,归来空空的行囊

因为真诚、厚道,林国庆没少吃亏。1985年高中毕业,父亲突然离世,一大家人为吃饭发愁,林国庆再也无法继续学业。刚满18岁的他,东拼西凑了8 000元,跟着哥哥的一个同学到了内蒙古包头市。

说好合伙办包装箱厂,林国庆放心地把8 000元交给了同伴。名为副厂长,实际干着看现场、管伙食的营生。由于自己年龄小,加之整个管理不善,不到两年,8 000元本金和随后追加的一万多元投资血本无归。

一盆凉水从头浇到脚,创业的热情被扑灭。那一段时间,林国庆反复哼唱着《故乡的云》:归来时,却空空的行囊……眼里是酸楚的泪。"那是我内心最苦的一段日子。两万元债务,对我来说是个天大的数字。一个月挣100多元,我要还清债务,至少要20年。我很害怕,有种再也爬不起来的感觉。好在老婆支持我。"

无颜面对兄弟姐妹,借同学100元匆匆过完春节,林国庆壮胆跟姐姐借了200元,北上京城投靠做木材生意的同学。五六个人租住在十几平方米的民房,林国庆学做一名木材销售员。"第一次跑业务,毫无经验。成天颠簸在汽车上,沿京津唐一线乱撞。1987年3月的一天,就在身上的钱快要花完的时候,我路过天津武清区看到那里有一个工地在施工,便下车去打听人家要不要木材。当我报出木材的价格和品种后，没想到对方需要半个车皮的木板。我急忙带对方上北京看货，很快成交。这第一单我赚了两3 000元，心里特有成就感。紧接着第二单又赚了三千多元。不到两年，我还清了所有债务，还略有盈余。"

1990年春节过后，林国庆带着仅有的2 000元积蓄，又从家乡杀到了兰州。今天问起他，为什么选择西北？林国庆仍旧坚持自己的观点："当南方商机越来越少的时候，西北大有潜力可挖，是创业的好地方。"

真诚从来就不吃亏

林国庆从不后悔自己以真诚待人："做生意就要讲诚信。这么多年走过来，能有一点成绩，我靠的就是机遇、诚信和朋友帮忙。在创业的路上，真诚从来是不吃亏的。"

他感激地跟记者说，当初从广州发瓷砖，自己实力有限，正是由于对方觉得"林国庆为人可靠，没什么风险"，才把西北总代理的权限给了他。发第一车皮瓷砖的罗老板，在他连续足额付过5车皮的货款后，给予他最大的信任："我只付了50万元的货款，人家给我发来350万元的货物，使得我一下子就把陶瓷生意做大了。一年两三千万元的销售额。"

在他看来，如今提供1 000多个就业岗位、年交易额两亿多元、年创利税300多万元的兰州丽城陶瓷石材批发市场，也是自己讲诚信的回报。"选定地址建市场时，有好几家和我同时竞争这块地皮。由于之前我与市场所在地政府、农民打交道时很是实在，没有拖欠过他们一分钱的费用，关键时刻，他们把发展的机会给了我。"

林国庆自认为是比较幸运的一类人，可有同行评价说："林国庆不仅仅是幸运，他能将精明和真诚集于一身。用真诚'调度'精明，正是他的过人之处。"

从销瓷砖、建市场到房地产开发，再到搞网络科技公司，林国庆说自己始终有朋友相助。"集团所属博惠科技的总经理就是我交朋友交来的。第一次见到他是在荣获甘肃'五四'青年奖章的奖台上。同时受表彰的我，对他的事迹很是钦佩，主动与他交往。当他从部队转业有了创办网络公司的设想时，我全力相助。结果他把公司办到了鸿安集团。"

真诚力——季布一诺赛黄金

记者再赴鸿安集团采访，正赶上林国庆为一名因举家东迁不得不离去的部门经理送行。端起酒杯，部门经理热泪盈眶："林总，是您给了我很多做事的机会，我真舍不得走啊！"

其实，了解林国庆的人都知道，兼任甘肃省青联常委，他现在想得最多的倒不是集团如何积累更多的财富，而是自己如何在公司发展的同时为社会多做一点贡献。尽管公司设立了专门的扶贫账户，尽管每年都要拿出几笔钱捐资助学，可林国庆仍然觉得自己做得不够。"我还要努力。人只有关注社会，为社会多做点贡献，人生才会活得更精彩。"

魔力悄悄话

人生旅途中，无论是亲情、友情都离不开交往，交往中必有真诚的内涵，真诚是一把善于开锁的钥匙；真诚是一双清澈如泉的眸子；多沙的荒漠，真诚是一潭幽深美丽的湖水。真诚不是物质，却可显示出比物质更显珍贵的价值；真诚不是智慧，却可能放射出比智慧更具有魅力的光泽。

一只水桶的真诚道歉

从前，有一位挑水夫，有两只水桶，分别吊在扁担的两头，其中一只水桶有裂缝，另一只完好无损。每次完好无损的水桶，总是能将满满一桶水从溪边送到主人家中，但是有裂缝的水桶到达主人家时，却总是只剩下半桶水。

两年来，挑水夫就这样每天挑一桶半的水到主人家。破水桶饱尝了两年失败的苦楚后，终于忍不住了，在小溪旁对挑水夫说："我很惭愧，必须向你道歉。过去两年，因为水从我这边一路地漏，我只能送半桶水到主人家。我的缺陷，使你做了全部的工作，却只收到一半的成果。"挑水夫笑了笑说："我们回主人家的路上，我要你留意路旁盛开的花朵。"

果真，他们走在山坡上时，破水桶眼前一亮，它看到缤纷的花朵开满路的一旁，沐浴在温暖的阳光之下，这景象使它开心许多！但是，走到小路的尽头，它又难过了，因为一半的水又在路上漏掉了！破水桶再次向挑水夫道歉。挑水夫说："你有没有注意到小路两旁，只有你的那一边有花，好水桶的那一边却没有开花呢？我明白你有缺陷，因此我善加利用，在你那边的路旁撒了花种，每回我从溪边回来，你就替我浇了一路花！两年来，这些美丽的花朵装饰了主人的餐桌。如果你不是这个样子，主人桌上也就没有这么好看的花朵了！"

从这则寓言故事里，我们发现那只破水桶的缺陷是千真万确的，但破水桶很有自知之明，它不满自己的缺陷，没有破罐子破摔，或是千方百计为自己狡辩。它怀有一颗真诚的平常心，最大限度地努力工作着，常常为自己的过失或缺陷而感到内疚和不安，一而再再而三地向挑水夫致歉。作为这只破水桶的使用者——挑水夫，则有令人称羡的宽大胸怀和知人善任的艺术。挑水夫以一颗善良的心，对待他的两只水桶，特别是对那一只有裂缝的破水桶，有天空和大海一般的宽容和气度。他不计较个人得失，不怕吃亏和吃苦，勤勤恳恳为人，老老实实做事，并且还能开动脑筋，利用破水桶漏水的特点，滋养着路边撒上的花种，开出了争奇斗艳的花朵，又美妙地装饰了主人的餐桌。这样一举多得，演绎出一幕精美和谐的人生变奏曲。

设想一下，如果当初不是这样，要是那只破水桶对于自己的缺陷视而不见，水无意中从缝隙中慢慢地漏掉，减轻了自己的负担，占了别人的便宜，客观上造成"经常偷懒"，还心安理得，暗自得意扬扬。或者是别人稍微再批评一下，它就破罐破摔，裂缝越拉越大，最终会导致挑夫和水桶之间无法配合，水就无法挑回去，贻误了工作。再者说，若是挑夫心胸狭窄，容不得同伴或"下属"的过失，斤斤计较，整天叽叽喳喳只顾打嘴仗，相互指责，相互埋怨，甚至"撂挑子"，他们将一事无成，最终会遭到主人的遗弃。因此，对于那只破水桶来说，惟诚实才可以做大事。

魔力悄悄话

诚实是人们必须遵循的准则，尤其是在这个日益讲求诚信的社会，要想有良好的人际关系，事业上有所建树，品格上的诚实是必不可少的。而对于挑水夫来说，在知人善任，善意做事的同时，也就抓住了机会。其实，生活中很多时候，我们看似在帮别人，其实最终常常是帮了我们自己。

真诚不等于"实话实说"

有这样一个故事：

从前，有一个爱说老实话的人，什么事情他都照实说，所以，他不管到哪儿，总是被人赶走。这样，他变得一贫如洗，简直无处栖身。最后，他来到一座修道院，指望着能被收容进去。修道院长见过他问明了原因以后，自觉"热爱真理，并且尊重那些说实话的人"，于是，把他留在修道院里安顿下来。

修道院里有几头已经不顶用的牲口，修道院长想把它们卖掉，可是他不敢派手下的什么人到集市去，怕他们把卖牲口的钱私藏腰包。于是，他就叫这个诚实人把两头驴和一头骡子牵到集市上去卖。诚实人在买主面前只讲实话说："尾巴断了的这头驴很懒，喜欢躺在稀泥里。有一次，长工们想把它从泥里拽起来，一用劲，拽断了尾巴；这头秃驴特别倔，一步路也不想走，他们就抽它，因为抽得太多，毛都秃了；这头骡子呢，是又老又瘸。""如果干得了活儿，修道院长干吗要把它们卖掉啊？"结果买主们听了这些话就走了。这些话在集市上一传开，谁也不来买这些牲口了。于是，诚实人到晚上又把它们赶回了修道院。听完诚实的人讲述完集市上发生的事，修道院长发着火对他说："朋友，那些把你赶走的人是对的。不应该留你这样的人！我虽然喜欢实话，可是，我却不喜欢那些跟我的腰包作对的实话！所以，老兄，你滚开吧！你爱上哪儿就上哪儿去吧！"

就这样，诚实人又从修道院里被赶走了。

其实，故事中"诚实人"的遭遇并不是偶然的，现实生活中也不乏类似的例子。

舞蹈家邓肯是 19 世纪最富传奇色彩的女性，热情浪漫外加叛逆的个性，使她成为反对传统婚姻和传统舞蹈的前卫人物。她小时候更是纯真，常坦率得令人发窘。

圣诞节,学校举行庆祝大会,老师一边分糖果、蛋糕,一边说着:"看啊,小朋友们,圣诞老人替你们带来什么礼物?"

邓肯马上站起来,严肃地说:"世界上根本没有圣诞老人。"

老师虽然很生气,但还是压住心中的怒火,改口说:"相信圣诞老人的乖女孩才能得到糖果。"

"我才不稀罕糖果。"邓肯回答。

老师勃然大怒,处罚邓肯坐到前面的地板上。

一些忠直的人,喜欢实话实说,常常让人觉得太过莽直,锋芒毕露。但是,人无论处在何种地位,也无论是在哪种情况下,都喜欢听好话,喜欢受到别人的赞扬,不愿听到伤害自己的话。为人必须有锋芒也有魄力,在特定的场合显示一下自己的锋芒,是很有必要的,但是如果太过实话实说,不仅会刺伤别人,也会损伤自己。

魔力悄悄话

真诚是一弯金秋的银镰,收获着别人对你的信任。世界上最深的地方是人心,打开人心的钥匙是真诚。真诚一经修饰,那就失去真诚本色,缘分是真诚的桥梁,友谊是真诚的基础,天空的魅力在虚幻,人与人之间的魅力在于真诚永恒!

真诚就是做你自己

每一个领导都是独特的。

如果有谁想要仿效某个榜样领导人的所有特点,那他注定要失败。真诚地面对自我,意味着接受自己的所有缺点,同时发挥自己的所有优势。接受自己消极的一面是真诚不可缺少的一部分,当人们强烈希望赢得他人的认可时,就会设法掩盖自己的缺点,牺牲自己的真诚,以赢得同事的尊敬和赞赏。

然而,领导的一个基本素质就是做你自己,在每个层面都做到真诚。最出色的领导都是极有主见的人,而那些过于照顾别人欲望的人,很容易被利益争夺所损害,或因为害怕冒犯别人而不愿做出艰难的决策。

要想做真诚的领导,我们需要创造自己独一无二的、与自己的个性和品格相符的领导风格,并且要在日常磨炼这种领导风格,使之能够有效地领导不同类型的员工,适应不同类型的环境。遗憾的是,企业的压力推动着我们去追求标准化的风格,可如果我们遵从与自己不相符的风格,我们就无法成为真诚的领导。

其实,与许多书籍所宣扬的相反,领导风格并不是成功与否的决定因素。

历史上的伟大领导,像乔治·华盛顿、亚伯拉罕·林肯、温斯顿·丘吉尔、富兰克林·罗斯福、玛格丽特·撒切尔、小马丁·路德·金、特蕾萨修女,都有着完全不同的领导风格,但每一个都是十分真诚的人。

企业领导也是如此。比较一下通用电气的最近三位 CEO——雷吉纳德·琼斯的政治家素质,杰克·韦尔奇的铁腕魄力,杰夫·伊梅尔特的授权作风。

他们都是非常成功的领导,却有着截然不同的领导风格。而通用电气这个企业却能团结在这 3 个人中的任何一个周围,适应他们各自的风格,而且业绩辉煌。可见,真正重要的并不是领导的风格,而是领导的真诚。

真诚的领导都具备 5 种基本的素质:明确的领导目的、坚定的价值观、用

心灵去领导、持久的人际关系、严格的自律。这5种素质不是一条一条获得的，而是领导在整个生命中日复一日不断培养出来的。

明确领导目的

要想成为领导，首先要问自己一个问题：我为什么要领导？如果你缺乏领导的目的和方向，那么别人为什么要追随你？

很多人想成为领导，却没有认真思考过自己的目的何在。他们被领导企业所具有的权力和荣耀，以及随之而来的经济收入所诱惑。但如果没有一个深层的目的，领导便容易受自我意识的支配，迷失于自我陶醉的冲动中。

为了找到自己的目的，你首先要了解自己，了解自己的热情、自己的动力，你也必须寻找一个个人目的与企业目的相一致的环境。你可能需要尝试多个企业，才能找到适合自己的地方。

有些人花费了数年，甚至数十年的时间，来寻找自己的领导目的。年轻时宣布自己的目的相对比较容易，但培养对这个目的的热情要困难得多。只有当你相信自己工作的本质价值，并且有能力将这种价值最大化时，你才会产生工作的动力，才会产生对目的的热情。

奉行坚定的价值观

价值观和性格决定了领导的类型。

真诚领导的价值观来自个人信仰，而个人信仰是通过研究、内省、咨询，以及人生经历生成的。这些价值观决定了其拥有者的道德罗盘。真诚领导知道自己罗盘的"真北"——对于做正确事的深层认识。少了这种道德罗盘，任何领导都有可能像近期财务丑闻中那些高管们一样，面临着牢狱之灾。

在主要价值观中，诚信是每一个真诚领导都不可或缺的一条。诚信不仅仅是不说谎话，而是要说出所有的真相，无论多么残酷。只报喜、不报忧，有选择地披露真相，都不是真正的诚信。如果你在与别人的交往中不讲求完全的诚信，没有人会信任你。如果别人不信任你，又怎么会追随你呢？

当找到让你激发热情的领导目的后，你需要在逆境中检验自己的价值观。**只有在逆境中，你才能学会应付那些危害到你的价值观的压力，学会处理这些冲突。**

你要让自己置身于价值观受到挑战的困境中，然后遵循价值观做出艰难的决策。当结局不确定，过程高风险时，做这样的决定颇为不易，但只有在困境之中，你才能找到自己道德罗盘的"真北"。

用心灵去领导

有些领导，他们的胸怀宽广，他们愿意对员工完全敞开心扉，并且真心实意地关心员工。像沃尔玛创始人萨姆·沃尔顿就是如此，他们能够点燃员工的灵魂之火，使他们取得远远超出任何人想象的伟大成就。

也有些领导，却好像对于任何人都没有关怀。他们把自己与那些正在经历生命中各种艰辛与挫折的员工隔绝开来，他们常常回避亲密的关系，即使与朋友和家人也不例外。

其实，敞开心扉，对员工人生旅程中所面临的困苦怀有体恤之情，也是你的一种人生体验。

开放你的心灵，意味着走自己的路，拥抱所有的人生体验；意味着触动自己的内心深处，真诚地面对自我。正是在培养关怀的过程中，我们成了真诚的人。

建立持久的人际关系

建立密切而持久人际关系的能力是领导好坏的一个标志。遗憾的是，许多大企业的领导认为：自己的工作是创造战略、组织架构和业务流程，然后他们就把任务委派给别人，而自己则与具体做事的人保持距离。

这种冷漠的领导风格在 21 世纪是注定不会成功的。今天的员工在全情投入工作之前，要求与领导有更多的私人感情。他们要求接触领导，他们知道正是在与领导的开放而深厚的关系基础上才能建立信任与承诺。比尔·

盖茨、迈克尔·戴尔、杰克·韦尔奇之所以如此成功,是因为他们与自己的员工保持直接的接触,并从员工那里获得了对工作更深的承诺和对企业更大的忠诚。

真诚的领导在企业上下和个人生活中,都与别人建立信任的关系,而这种关系的回报,无论是有形的还是无形的,都会源远流长。

但是,很多企业领导害怕这样的关系。曾有一位 CEO 对我说过:"我不想与我的下属过分亲近。因为或许有一天我会解雇他们。"

其实,还有更深层次的原因,就是很多领导害怕暴露自己的缺点和脆弱,所以他们刻意与下属保持距离,制造冷漠。他们非但不真诚,反而为自己做了一个假面。

持久的关系建立在互相之间的接触和为一致的目标而一起工作的共同目的之上。每一个人都有一个人生故事想要与你分享,前提是你愿意倾听并且愿意讲述自己的故事。正是在分享人生故事的过程中,我们才能与同事们建立信任和理解。

严格自律

自律是领导的一个基本素质,没有自律,就无法得到追随者的尊敬。有些人有很好的价值观,但却只会说而不能将其转化为行动。真诚的领导则必须要自律,要尽一切可能通过行动来体现价值观。即使我们没能做到,我们也要勇于承认自己的错误。

领导永远处于显微镜之下,他们的行为总是被自己的员工和无数的外人拿来观察、探讨和剖析:他今天心情怎样? 他会怎样回复我的建议? 他会发出解雇通知吗? 我敢把这些问题告诉老板吗?

要做到真诚,领导的行为要有原则和自律,不能让压力干扰了自己的判断。他们必须学习应付各种压力,保持镇定和冷静。对付意料之外的挑战需要处在巅峰的状态,所以领导要像职业运动员一样,养成长期习惯,保持头脑的敏锐和身体的健康。

美国旧金山有一座著名的希腊天主教堂中殿的迷宫。在迷宫中,你从外圈开始走,但道路很快地带你靠近中央——你的目的地。可是当你马上就要到达时,道路又拐了弯,于是你又走向了外边。就这样时近时远,等到你对于到达中央几乎已不抱希望时,峰回路转,转眼间你已经到达终点了!

迷宫很好玩儿,也很有寓意。人生最重要的东西常常是在无处可走,甚至后退时学到的。成为一个真诚的领导需要多年的辛勤工作,需要经历痛苦和挫折,而智慧正是来自对于人生的全面体验。只有在迷茫和煎熬的考验中,我们才能成长为真诚的领导。

魔力悄悄话

　　做个真诚而善良的人,用一颗真诚的善心去启迪另一颗心。让真诚的火焰融化人际间的冷漠,真诚待人,客观做事,乃是一生做人之原则。真诚是做人之本,真诚即真实诚恳。真心实意,坦诚相待以从心底感动他人而最终获得他人的信任。

真诚，品质的第一位

通用电器前总裁杰克·韦尔奇在任职期间,曾大声呼吁:"别再沉溺于管理了,赶紧领导吧。"如果说 10 年前我们还不明白韦尔奇话的含义,那么今天我们重温这句警世之言,多少应该能感到其中的分量和教益。在国内外市场已经竞争到白热化、众多中国企业已经进入成熟期并准备向海外市场发展之时,迅速地、全面地提升企业高层领导的综合领导素质和能力,变得尤为重要。

那么,一个卓越的领导者与一个管理者在领导品质上有哪些重大区别呢?美国《领导力》的作者库泽斯和波斯纳在过去的 20 年中分 3 个不同阶段对 7 500 人调查后发现,尽管经历不同、行业不同、专业不同,卓越的领导人身上有着 4 项突出的共有素质:真诚待人、远见卓识、胜任其职、鼓舞人心。

1. 真诚待人

选择真诚作为领导者品质的人在每次调查中都占据了第一位。真诚是领导者区别于管理者的一个最为重要的特征。

一个微观管理者可能为了完成任务而采用不同的方式,有时甚至可以不择手段,但对一个领导者来讲,真诚是一种美德,是一种原则,更是获得追随者的一种能力。

本田宗一郎具有一种突出的诚实品质。他曾说:"有人鼓吹为国家、为企业而死,莫忘公司之恩等,该让说这些话的家伙去死! 我绝不要求员工'为公司干活',我要他们'为自己的幸福打拼'。从业人员不必要为企业而牺牲自己,而是为自己的幸福努力,工作起来才会有效率。"本田的真挚、坦诚和魅力,吸引了一大批追随者去实现他们的终生梦想。

2. 远见卓识

领导者区别于经理人的第二个重要品质就是前瞻性。一个管理者的重要职责是组织、秩序、履行和落实;而一个优秀的领导者需要视野和眼光,一种对未来趋向的把握,一种辨别企业方向的特殊技能,一种看到事物本质的能力,一种可以在变化无穷的环境中作出战略选择的决策力。远见卓识并不是先知先觉,而是在公司面临危机之时镇定地、扎实地指明公司的发展方向,确定公司的未来战略目标。

华为总裁任正非在过去的几年中,深深意识到中国企业国际化的重要性,提出了著名的"靴子"论,聘请各国专家到华为,为公司国际化战略出谋划策,在公司范围认真、踏实地研究海外经营的战略和跨国文化理念,运用"农村包围城市"的国际化发展战略。

3. 胜任其职

早在在公元前4世纪,苏格拉底就讲过:"职业素养和专业能力是承担领导者职责的先决条件。"有能力的领导者可以吸引、影响大批的追随者。

能力主要是指领导者过去的成功业绩,早年的经验和做事的能力。在现代管理中,领导者要有专业技能、人际沟通和事务分析三方面的综合能力,这种能力随着领导者的职位的不同不断发生变化,与一般管理者的能力表现出差异。

在日趋复杂的组织中,领导者的人际交流能力、激发他人热情的能力、组织团队共同进步学习的能力,都是卓越的领导者所不能缺乏的。

4. 鼓舞人心

与冷静理性的管理者不同,卓越的领导者通常表现出火一般的热情和激情。他们往往充满活力,对未来充满梦想和信念。

伟大的领导者在组织遇到困境时,能够看到希望,看到前途,充满信心地扭转乾坤。

面临挑战,他们不会因为惧怕而踌躇不前。他们的热情和乐观上进的情绪,能够深深感染着周围的每一个人。

面临日本、美国、德国的压力和中国的崛起以及亚洲金融危机的威胁,三星总裁李健熙发挥了个人魅力和鼓舞人心的领导风格,提出著名的"除了妻子儿子,一切都要变"的口号,在过去的10多年中,在三星内部掀起了一次具有历史意义的全方位的变革。

任何一家像样的企业的核心高层,大都需要各种不同类型的人才,即管理型人才和领导型人才。另一方面,任何一位像样企业的高管,也大都会认为自己管理和领导才能兼而有之。

但事实上,千军易得,一将难求,帅才更少之又少,这也是卓越企业如此凤毛麟角的原因所在。

真诚力——季布一诺赛黄金

　　一位优秀管理者不等于是一位卓越的领导者。企业有其生命周期，在企业初创期，领导力是成功的关键；随着企业业务和盈利模式逐步成型，专业化的管理流程需要稳定的组织和管理能力，但企业和行业的未来是不确定的，当企业面对变动的环境时，特别需要的是拥有领导力的领导者。而如何同时寻找到管理者和领导者，并摸索出一套有效的机制确定好两者的权力分配，则是企业最重要的课题之一。

魔力悄悄话

　　真诚是人与人之间最短的距离，人与人之间如果有了真诚，便有了友谊的桥梁，进步的阶梯，成长的沃土。融洽的氛围，便产生了和谐的音符，真诚是连接朋友的纽带，真诚是爱心，是友谊，又是沉重的步履。

第二章
本色做人，认清自己

　　一个人只有对自己有了足够的了解，才知道自己的特长在哪里，缺点在哪里，适合从事什么工作，性格上的优缺点是什么等一系列的问题。也许明确答案不能一下子都有，但是至少能找到一个大概的方向，不至于像一只无头的苍蝇来回乱撞。"认识你自己吧！"只有这样才能找到自己的位置，成为强者。其实，每个人都是独一无二的存在，一个人一种色彩。之所以会有实力强弱之分，很大的原因在于对自己的认知差异。只有能自然表现自己的人才容易获得他人的认可。

做最本色的自己

每个人都是独一无二的存在，一个人一种色彩。想让自己的生活色彩丰富起来，就要保留自己最真实、最可爱的本色。

一个人要在社会上取得成功，首先要明确自己是一个什么样的人。找到适合自己存在的位置。其实，明确自己的位置就是要明确自己的人生目标，也是给自己在社会中定位。老实人更应该如此。

现实生活中，有人信心满满，有人自卑怜怜。是自己不如人，还是根本不了解自己的优势所在呢？我们经常能够看到，老实人在这样的疑问中迷惘。

他们经常感慨，不知道什么样的自己才是应该表现出来的，什么样的自己是不可以被别人知晓的。注意观察就不难发现，强者往往是忠于自己，能倾听自己灵魂声音的人。即使有的方面优势不明显，表现不惹眼，他们也明白并接受这个"自己"，认为这就是自己最真实的自然本性，没有什么好自卑的。

其实，每个人都是独一无二的存在，一个人一种色彩。之所以会有实力强弱之分，很大的原因在于对自己的认知差异。只有能自然表现自己的人才容易获得他人的认可。

一个人若想让自己的生活色彩丰富起来，就要保留自己最真实、最可爱的方面。

有这样一个女人，她对自己的容貌极为不满。于是选择了整容。

第一次整容后，她很高兴地看着镜子里明显变化的容颜，可是没过多久，她又觉得自己容貌依然不够出众，便又走进整容医院。

第二次、第三次……女人几乎在重复第一次的情况：刚开始满意，过一段时间便觉得不是被美容，而是被"毁"了容。

在第八次整容后，她望着自己从前的照片，再看看镜中那张"面目全非"

的脸,突然发现最初的自己竟是那样美丽。

于是,在接下来的两次整容中,她要求医生将她的脸朝原先的样子恢复。

就这样,她饱尝了痛苦,远离了朋友,经历了很多次整容,历经6年,终于在最后一次手术后她恢复了从前的样子。她感慨万分:原来自己本来就是很美的。

追求自我的完美虽然是人的天性,但是如果过分追求,不但离完美越来越远,还可能丧失了真正的自我。原先的美丽、原先的自信、原先的快乐与满足都将离你而去,当你还未能从新的改变中发掘出任何价值时,收获的将是另一种痛苦。

这个经历可能很多人都会有所感触:早知今日又何必当初?上面事例就是想告诉我们,自己原来拥有的外貌、性格、学识……都是自己宝贵的人生财富。

珍惜并加以使用才能有所收获,非理性地挥霍只会换来恶果。其实,你无须刻意去改变,因为本色的自己才是最美的自己。

当自己是自己的时候,获得的才会真正属于自己。一个人如果照搬别人的或者有意地模仿别人,那将永远是"跟屁虫"和"小丑",而且在照搬和模仿别人的同时也失去独立的人格和思想,失去了自尊。还有一种为了讨好某人或者达到某种目的而去改变自己的人。这是比上面整容的女人更傻的人。他们的行为不但不会取得任何效果,反过来还会被对方嘲笑和轻视。因为他们为对方所做的事情在对方的眼里,可能根本无足轻重,甚至惹人讨厌。

如果一个人不能清楚了解自己的好,对自己的拥有毫不在乎,而一味附和别人,他就无论如何也不会获得成功。他任何时候都应该相信,自己拥有的就是最好的,正确运用这些而获得的收获就是最好的收获。所以,每个人只有牢牢抓住了自己原本拥有的,才可能获得更多。这就好比投资,自己原来拥有的是本金,本金是不会轻易缩水的,动用了本金做任何投资都会畏首畏尾,很可能会造成最终的失败。因此,不要轻易和别人交换自己的人生资源,这是很轻率也很不负责任的行为。

永远不要怀疑这一点:你就是自己的主人,你就是自己的太阳。因为,只有本色的自己才是最美的自己。我们无须刻意地去改变,更无须违心地去欺骗，费力地去包装，我们要保持自己真实的面孔、真实的性格和真实的人生。

随着社会的发展，老实人似乎逐渐成了一个"弱势群体"。所以，老实人必须学会勾描"自画像"，看清楚自己的样子、自己的性格和自己的所有，充分认识自我，这是十分重要的。

魔力悄悄话

一个人只有对自己有了足够的了解，才知道自己的特长在哪里，缺点在哪里，适合从事什么工作，性格上的优缺点是什么等一系列的问题。也许明确答案不能一下子都有，但是至少能找到一个大概的方向，不至于像一只无头的苍蝇来回乱撞。"认识你自己吧！"只有这样才能找到自己的位置，成为生活的强者。

走出"老实人"的怪圈

古人云"人贵有自知之明",这里的"明"不仅是清楚自己的短处,也清楚自己的长处。

托尔斯泰曾在自传中写道:"每当我照镜子的时候,一股自我嫌恶感便涌上心头,深深地困扰着我,为此我十分难过。我的长相是这么粗陋,一点也没有优雅的气质。尤其这灰而小的眼睛……"

当读者朋友看到这段文字的时候,也许会觉得奇怪。因为你不相信,这么伟大的人居然也会有自卑感。所幸,托尔斯泰战胜了自己,最终走向了成功。所以,人应正确评价自己,不拿自己的缺点与别人的优点相比,而应尽量发现自己的长处,将它化为自己前进的信心。

有一个老实人,从医科大学毕业后,到他父亲朋友的综合医院里当实习医师,不到半年他就有了这样的烦恼:"我做不下去了。我打不进同事的圈子。""别的实习生比我优秀。"无论上班还是下班,他都有这样的感觉,结果他认为自己无法从事医生工作。

其实,茫茫人海中,你有时会有很大的冲劲,有时候会有失落的感觉,这两种感觉会把你的性格引向截然不同的两面。不只你一个人,任何人都会被这些性格上的问题困扰。令人讨厌的性格或不健全的心理,多是因为与人发生关联才有的,而人又不能离开人群独自生活,因此有这些苦恼是必然的。

这个时候,你也不必责备自己:"我是没有希望了,我比不上他人,反正我很笨。"就连大科学家野口英世、美国总统林肯,都曾经为自卑烦恼过,但他们都将自卑化作超越他人的动力,最后取得了成功。

社会中什么样的人都有,而自信的人最具神采,因为展现自己的优点也是一种勇气。如果你也像他们一样努力看到自己的长处,你一定也会走向成功。

现实生活中，很多人都抱怨命运不公，却不知道整天自卑的人是很难成功的。一定要去分析自己的性格适合去做什么样的事业，只有先看清了自己的性格，才能清楚自己脚下的路。

性格不是与生俱来的，而是后天塑造的。每一个成功的人，都难免经历一番"寒彻骨"，只有不断地磨炼自己的性格，不断地剖析和重塑着自己的性格，才能让成功的主动权留在自己的心中。只要清醒地认识自己，坚持自己的性格，你就掌握了一半的成功，也是自己生命的真正开始。

"生存优势"这个概念是说，一个人至少在某个重要领域里已经拥有了突出的才能。这是一个人开发他全部潜能的基础。这就提醒我们：我们已经进入了一个自我发现的时代，我们必须努力去发现和开发自己的全部能力。这也就是说，没有比使每个人都能充分发挥自己的能力更重要的事情了。自我发现和自我认识是一项没有终点的行为过程。

魔力悄悄话

每个人都有弱点，也有优点，我们不能因为自己某方面的能力缺陷而怀疑自己的全部。不但要看到自己不如人的地方，还要看到自己的过人之处，这才是正确的自我评价。只有找到自己的优点，才能突破心理禁锢，走出"老实人"的怪圈。

老实做自己才不会迷失自我

用某一个标准苛求人生或者克隆人生,是作茧自缚。人的价值,是由自己决定的。人生短暂,要懂得珍惜。迷失了自己,就迷失了一切快乐。

著名诗人道格拉·拉赫在他的一首诗中写道:"如果你不能成为大道。那就当一条小路。如果你不能成为太阳,那就当一颗星星。决定成败的不是你尺寸的大小,而在于做一个最好的你。"

我们生活在一个快速变化的社会中,遇事要量力而行,不要做无谓的牺牲,过于沉醉其中而无法自拔时,也往往是迷失人生、丢失自我的时候。老实人在坚守善良的同时,也要坚持自己是一切奇迹的萌发点,做好自己就是所有成功的起点。

在一间很破的屋子里,有一个很实在的穷人,他穷得连床也没有,只好躺在一张长凳上。他经常自言自语地说:"我真想发财呀,如果我发了财,绝不做吝啬鬼……"这时,老实人的身旁出现了一个魔鬼:"好吧,我就让你发财吧,我会给你一个有魔力的钱袋。这钱袋里永远有一块金币,是拿不完的。但是,在你觉得够了时就要把钱袋扔掉,才可以开始花钱。"

说完,魔鬼就不见了。在老实人的身边,真的出现一个钱袋,里面装着一块金币。老实人把那块金币拿出来,里面又有了一块,于是老实人不断地往外拿金币,拿了整整一个晚上,金币已有一大堆了。第二天,他很饿,想去买面包。但是,在他花钱以前,必须扔掉那个钱袋。

他又开始从钱袋里往外拿钱,并且不吃不喝地拿。终于,他生病了,不久,他倒下了,死在他的长凳上。临死前他说了句:"我怎么没拿钱看病呢?"

面对金钱的巨大诱惑,人类的灵魂将接受挑战。怎么做才是最好的选择? 照单全收还是转身折回,只留下冷冷的背影?

每个人在世上都面临一个问题——生活。而生活是否圆满,人生能否成功，完全取决于自己的态度、方式。从这个意义上说，人生是自我选择和造就的结果。

"相由心生"这句话，从心理学上说有一定道理。如果你想象的是做最好的你，那么你就会在内心的"荧光屏"上看到一个不断进取、永不放弃的自我；同时，还会经常听到"我做得很好，我以后还会做得更好"之类的心理暗示，这样你注定会成为一个最好的你。

生命是广阔无限的，用某一个定义界定是不可能的，也是不科学的。因此，用某一个标准苛求人生或者克隆人生，是作茧自缚。人的价值是由自己决定的。迷失了自己，就迷失了一切快乐。

"做最好的自己"，这个目标人人都可以实现。如果你意识到自己是大自然的一分子，是社会中的一员，坚信自己拥有"无限的能力"与"无限的可能性"，这种坚定的信心就能帮你创造和谐的心理、生理韵律，建立起理想的自我形象，体现自己人格品质具有的魅力。老实人，不要自暴自弃，迷失了自己。

魔力悄悄话

美国哲学家爱默生说："人的一生正如他一天中所设想的那样，你怎样想象，怎样期待，就有怎样的人生。"我们每个人心里都有一幅"心理蓝图"，或一幅自画像，有人称它为运作结果。一个人相信自己是什么样的人，就会成为什么的人。一个人心里怎样想，就会成为怎样的人。

"低头拉车"也要"抬头看路"

驴子从不抬头向前看,所以只能围着磨盘打转,而骏马却一路向前,走遍了周遭各处。老实人,更要向人生道路的前方看,不要学没有追求的驴子。

我们常说"三百六十行,行行出状元",确实,一个人无论干哪一行,只要努力,往往就会有成功的机会。

但是正因为面临着诸多选择,你还能看清人生的核心目标是什么吗?如果你看不清楚自己的方向,你就会谨小慎微,不敢大胆前行,只能原地踏步,或是绕着一个固定的地方打转,一生都不会有什么大的作为。不少人终生都像梦游者一样,始终看不到前进的方向。有这样一则故事,借动物之口启发我们必须弄清自己人生方向。

唐太宗贞观年间,长安城西的一家磨坊里,有一匹马和一头驴子。它们是好朋友,马在外面拉东西,驴子在屋里推磨。贞观三年,这匹马被玄奘大师选中,出发经西域前往印度取经。

17年后,这匹马驮着佛经回到长安。它重回磨坊会见驴子朋友。老马谈起这次旅途的经历:浩瀚无边的沙漠,高入云霄的山岭,凌峰的冰雪,大海的波澜……那些神话般的境界,使驴子听了极为惊异。驴子惊叹道:"你有多么丰富的见闻啊!那么遥远的道路,我连想都不敢想。"老马说:"其实,我们跨过的距离是大体相等的,当我向西域前行的时候,你一步也没停止。不同的是,我同玄奘大师有一个遥远的目标,按照始终如一的方向前进,所以我们打开了一个广阔的世界。而你被蒙住了眼睛,一生就围着磨盘打转,永远也走不出这个狭隘的天地,所以,你的一生终究是碌碌无为。"

成功者与平庸者最根本的差别,并不在天赋,也不在机遇,而在于人生的方向朝向哪里!就像那匹老马与驴子,当老马始终如一地向西天前进时。

驴子只是围着磨盘打转。尽管驴子一生所跨出的步子与老马相差无几，可因为缺乏目标，没有自己的方向，它的一生始终没有离开那个磨盘，始终也走不出那个狭隘的天地。

生活的道理同样如此。对于没有追求和方向的人来说，岁月的流逝只意味着他们年龄的增长，平庸的他们就如同故事中拉磨的驴子一样，只能日复一日地重复单调乏味的事。

如果你想获得成功，就要找到自己生活的目标，让它成为点亮你自己的"北斗星"。

从某种意义上来说，真正的人生之旅是从明确人生方向和奋斗目标那天开始的。在那之前的生活，虽然忙碌但是盲目，只不过是原地打转罢了。

靠近海岸的岩石上或者大海中的岛屿上，在地势最高、最明显的地方往往都建有灯塔。灯塔上的灯光，在漆黑的夜里可以为晚归的渔船或者迷失航向的船只指明方向。灯光或许不是很明亮，但那微弱的光线给船上的人们带来了希望，人们只要朝着灯光所在的方向航行，就一定能找到出路。

魔力悄悄话

老实人在人生的大海中航行，不会有人为你特意设置一盏指示灯，告诉你该向哪个方向前进，如果找不准正确的方向，往往就会迷失自己。因此，老实人应该有自己的梦想和追求，切不可学拉磨的驴子，一辈子都在一个地方打转，要练就一双慧眼，找准自己的人生位置，并为之奋斗不息。

真诚做人不自卑

老老实实做人,并没有错,但是,不要因为和别人有差距就放弃自己,从而破罐子破摔,窝窝囊囊地过日子。

现实生活中,老实人往往会自卑。自卑导致老实人自轻自贱,破罐子破摔,完全丧失了自己,原本可以强大的优势荡然无存。但是,要想体悟人生真谛,就必须勇敢地面对现实,经历一番苦难。人生的醒悟需要自己去体验,自己去证明,自己去经历,自己去寻找。在寻求成功的过程中,寻找到生命的转机,寻找到拯救自我的方法才是人生最大的获得。

有的人遭遇不幸的时候首先想到的不是如何摆脱不幸而是怨天尤人,感叹自己的命不好,让自卑折磨自己。没人会喜欢一个整天抱怨的人。埋怨越多不幸越多,糟糕的命运多半源于自己的行为。所以,站在不幸的面前要和它打招呼说你好,让本来以为你会沮丧的它感到尴尬,只有这样不幸才会早点离你远去。

有一个外企女职员,原来在北京外国语大学学习的时候,是一个十分自信、从容的女孩。学习成绩在班级里是出类拔萃的,也很有异性缘,追她的男孩子很多。毕业以后,她成了外企职员。

但是,干了一个月之后,旁人惊讶地发现,原先活泼可爱、说话很多的她,竟然像换了一个人似的,不但说话变得羞羞答答了,连行为也变得小心翼翼。每天上班前,她要为了穿衣打扮花上整整两个小时,为此不惜早起,少睡两个小时。她之所以这么做,是怕自己打扮不好,而遭同事或上司耻笑。在工作中,她更是小心翼翼,以至到了谨小慎微的地步。

是什么使她有如此变化?为什么原来活泼自信的她,到了外企就变得自卑了呢?是她工作干得不好屡遭批评吗?但据说她的业绩还是一流的。

其实,原因十分简单,一切都是她自己的原因。她的这种自卑感,在心理学上属于后天的认识性自卑。也就是说,主要原因在于她的认识——对周围环境的认识、对自己工作的认识以及对同事与上司的认识，更主要的是对自己的认识。

她到的这家公司是美资企业，由于发现美国人的服饰举止都显得优雅高贵，相比之下，她就觉得自己上不了台面。她对自己的服装产生了深深的憎恶。第二天她就跑到高档商场去了。可是，当时工资还没有发，她买不起那些名牌服装，于是，只好灰溜溜地回来了。

可以说，她前一个月，是低着头度过的。她不敢抬头看别人穿的名牌西服和裙装，因为一看就会觉得自己穷酸。那些美国女人或老资历的中国女人，服饰都是一流的品牌，走在路上裙带生风，而自己呢，竟然还是一副学生样。

想想这个，她几乎要哭出来。她恨自己贫穷。而服饰还是小事，她和同事们的另一个不同在于香水，她们平时用的香水都是法国货，在她所及之处，处处清香飘溢，而自己用的只是国产的普通香水。

女人与女人，聊的无非是生活上的琐碎小事。而所谓生活上的琐碎小事，又多是衣服、化妆品、首饰之类。可这些，她几乎是什么都没有。这样，她在同事们中间就显得孤立。在那种时候，她都恨不得找个地洞钻进去。

久而久之，在同事们面前，她怎能不自卑呢？

就这样一晃4年过去了，在大学里养成的慵懒习气她继承了下来。本来，要是进入一个一般的单位，这也没什么，可她偏偏进了一个美国公司，这下就麻烦了。她要不改变自己的习惯，就难免出现问题。

在她工作的第一个月，她连遭上司的训斥。委屈不堪的她，回到宿舍就躲在被子里哭。这样一段日子下来，看着别人好好地待在自己的岗位上，她更觉得自己不如别人了。

还有一点让她觉得抬不起头来：刚进公司的时候，她还要负责做清洁工作。早上和晚上，刚上班时和将下班时，她都得拖地、擦桌子，早上还要打开水。第一天她还想提建议，可上司明确告诉她，这是新来职员的必经过程。

看着同事们悠然自得地享用着她打的开水，她觉得自己就是个佣人。就这样，一个原本自信从容的女孩，变成了一个老实巴交、不声不响的人，这个过程就是自轻自贱，破罐子破摔的过程。

其实，她根本用不着自卑。她的自卑完全是自我的，是"一厢情愿"的结果。从根本上说，这是她自我认识有误才导致的结果。

就生活来说,谁大学刚毕业就能披金戴银、一身名牌呢?除非靠家里,而靠家里是不光彩的,在美国人眼里更是如此。美国人排世界富豪,根本不把那些封建王室,诸如英国王室、日本王室等排在里面,他们看得起的是白手起家的富豪,而不是靠继承遗产、侵吞国家财富而发家的高官显贵。所以,一个大学刚毕业的人穷一点,别人根本不会介意。

魔力悄悄话

这个故事告诉我们:人最难战胜的是自己。一个人成功的最大障碍往往不是来自外界而是自身。自身能做的事不做或做不好,是自制力的问题。所以我们要经常锻炼自己,面临压力不管大小,都要有自控能力。老老实实做人并没有什么错,但是,不要因为和别人有差距就放弃自己,产生自卑,从而破罐子破摔,窝窝囊囊地过日子。

守住"诚实"的阵地

在"头脑灵活"的人看来，讲"诚信"的人似乎有点"傻帽"。其实不然，诚实是一种长期投资，只有坚持这个原则，才能给人诚实的好印象，这是老实人的资本。

清人王永彬《围炉夜话》里说，"世风之狡诈多端，到底忠厚人颠扑不破。末俗以繁华相尚，始觉冷淡处趣味弥长。"意思是说尽管社会上盛行尔虞我诈的风气，但说到底还是忠厚老实人能永远立于不败之地。腐朽的社会习俗争相以奢靡浮华为时尚，但毕竟还是在清净平淡之中体会到的淡泊趣味更为持久绵长。

诚实是做人原则中重要的一项，"狼来了"的故事相信大家都知道，一个不诚实的人会失去别人的信任。

下面的两个小故事可以证明这一点。

三国时，孙策任用吕范主管东吴财经大权。孙策的弟弟孙权此时年少，总是偷偷地向吕范要钱，吕范则一定要请示孙策，一次也没有独自答应过孙权。因这事孙权对吕范很有意见。后来孙权任阳羡县令，建立了自己的小金库以备私用。有一次，孙策来查账，周谷为孙权涂改账目，造假单据，使孙策没有理由责怪孙权。孙权很感谢周谷。

孙策死后，孙权接管东吴大事，因为吕范忠诚，特别受到孙权的信任，而周谷却因为善于欺骗和更改账目，始终没有得到孙权的重用。

可见，诚实就是能够帮助自己获得成功的力量。还有一个非常典型的例子，就是晏殊。

北宋大词人晏殊还没有成年时参加殿试。他看过试题后说："我10天前已经做过这个题目，而且文章草稿还保存着，请皇上换别的题目吧。"宋真宗非常喜欢晏殊的诚实。

有一年，宋真宗允许臣僚们挑选旅游胜地举行宴会。各级官员都踊跃参加，连市楼酒店也都设置帷帐以供宴会和旅行住宿需要。晏殊这时手头拮据，没钱出游，便独自居家与兄弟读书论理。这天，宋真宗挑选辅佐太子的官职，出人意料地在百官中选任晏殊。

宰相问真宗用意，真宗解释说："我听说各级官员，无不游山玩水，大吃大喝，通宵达旦，歌舞不绝，唯有晏殊闭门与兄弟读书，如此谦厚，正可担当辅佐太子的重任。"晏殊听说后，便老老实实向真宗说："我并不是不喜欢游乐吃喝，只是因为我没钱。如果有钱，这些旅游宴会我也会参加的。"宋真宗越发佩服晏殊的诚实，又因为晏殊懂得为臣之道，便越来越受到真宗的重用，到宋仁宗时，晏殊被任命为宰相。

那么，我们怎样才能做一个真诚的老实人呢？

首先，要真诚，不能只在外表上用功夫。与人沟通时表情虽热情而内心不诚，那是"巧言令色"。对方如不是糊涂之辈，定会看出你的虚伪，因为内心不诚，终有破绽给对方看出，岂不成为心劳术拙？相反，心诚者，即使拙于辞令，不善表情达意，却能体现出淳朴与真挚。诚且朴效力更大，只要对方对你素无误会，你的真诚必能感人。

其次，切忌不可欺骗。欺骗也许能得一时之利，却不能维持长久。如果你的欺骗日久为人察出，即使你真的有诚意，仍会被认为是另一种姿态的虚伪。因此，一生不可有任何欺骗行为。也许你遇过这种人，你以真诚相待，他却以谲诈回报，于是，你便对真诚的效用发生了怀疑。其实，真诚的力量是绝对的。之所以会发生例外，只是由于你的真诚不足以打动对方的心。对一切你要"求诸己"，不必"求诸人"，这是用真诚动人的唯一原则。

总之，要想使自己成为真诚的人，你第一步要锻炼自己在小事上做到完全诚实。当不便讲真话时，不编造谎言，不重复不真实的流言蜚语是真诚的底线。

这些戒律看起来是微不足道的，但是当你真正想寻求真诚并开始发现它的时候，它本身的力量就会使你着迷。最终，你会明白，几乎任何一件有价值的事，都包含着不容违背的真诚。如果你追求它并且发现了它的真谛，你就一定能使自己进一步完善。

在头脑"灵活"的人看来，诚信似乎有点"傻帽"，其实，诚实是长期投资，只有坚持这个原则，才能给人诚实的好印象。平时没有树立诚实的好品格，到关键时刻你的话就引不起足够的重视。诚信可能会一时吃点亏，但最终会因为这种品质而受益匪浅。所以，老实人想要真正地老实做人，还要坚守诚信这块阵地。

魔力悄悄话

　　古人说："敦厚之人，始可托大事。"一个人如果虚伪奸诈，会在政治上成为两面派，在社会上成为因利弃友的市侩小人，遭世人厌恶。这样的人是没有朋友的，有也只是利用关系来达到自己的目的，把朋友当作工具。交友如果不交心，一切都不会长久。诚实的人才是可以信任的人。

"聪明"地做一个真诚的人

现实生活中,老实人总是吃不开。所以,我们倡导"做个聪明的老实人",避免受别人的算计和伤害。

南北朝时,平西将军崔慧景作乱,率兵围攻建康。崔慧景久闻隐士何点大名,早就想与他交往,以壮己之声威,而何点从来不肯稍加应酬。及崔慧景兵围建康,派人把何点硬请到军中。何点自知崔慧景必败,惧怕受其牵累。见到崔慧景之后,终日所谈,不过礼义而已,未尝有一句话说到军事。不久,崔慧景兵败,何点被俘。东昏侯打算杀死何点,萧畅为其开脱,说:"何点与崔慧景所谈,只是礼义而已。况且何点与其谈礼义,使贼兵无暇思考战局,若非如此,建康城早已陷落。由此看来,应当给何点加封!"东昏侯闻萧畅之言,于是赦免了何点。

何点自知崔慧景必败,但已身陷泥沼,就要步步为营,以求自保。于是立场坚定,既不得罪崔慧景,又不谈正题,日后申辩也有了证据。果然祸临之时萧畅为其开脱,得以赦免。这样的做法就很聪明,也是保护自己的好方法。

再如在《红楼梦》中,最会办事也最擅长办事的,要数八面玲珑的王熙凤了。

一天,邢夫人把凤姐找来,悄悄道:"叫你来不为别的,老爷因看上了老太太屋里的鸳鸯,要把他放在房里,叫我和老太太讨去。我怕老太太不给,你可有法子办这件事么?"凤姐儿听了,忙赔笑道:"依我说,竟别碰这个钉子去。老太太离了鸳鸯,饭也吃不下去,哪里就舍得了?太太别恼,我是不敢去的。明放着不中用,而且反招出没意思来。老爷如今上了年纪,行事不免有点儿背晦,太太劝劝才是。"邢夫人冷笑道:"大家子三房四妾的也多,偏咱们就使不得？我劝了也未必依。就是老太太心爱的丫头，这么胡子苍白了又做了官的一个大儿子，要了做屋里人，也未必好驳回的。我叫了你来，不过商议商议，你先派了一篇的不是。也有叫你去的理？自然是我说去。你倒说我不劝，你还是不知老爷那性子的，劝不成先和我闹起来了。"

凤姐儿知道邢夫人禀性愚弱，只知奉承贾赦以自保，次则婪取财货为自得，家下一应大小事务，俱由贾赦摆布。

儿女奴仆，一人不靠，一声不听。如今又听邢夫人如此的话，便知他又弄左性子，劝也不中用了，连忙赔笑说道："太太这话说得极是。我能知道什么轻重？想来父母跟前，别说一个丫头，就是那么大的一个活宝贝，不给老爷给谁？依我说，要讨，今儿就讨去。我先过去哄着老太太，等太太过去了，我搭讪着走开，把屋子里的人我也带开，太太好和老太太说。给了更好，不给也没妨碍，众人也不知道。"邢夫人见他这般说，便又喜欢起来，又告诉他道："我的主意先不和老太太说。老太太要说不给，这事便死了。我心里想着先悄悄地和鸳鸯说。他要是害臊不言语，就妥了。那时再和老太太说，老太太虽不依，搁不住他愿意，常言说'人去不中留'，自然这就妥了。"凤姐儿笑道："到底是太太有智谋，这是千妥万妥。别说是鸳鸯，凭他是谁，哪一个不想巴高望上、不想出头的？"邢夫人笑道："正是这个话了。你先过去，别露一点风声，我吃了晚饭就过来。"

凤姐儿暗想：鸳鸯素昔是个极有心胸气性的丫头，虽如此说，保不严他愿意不愿意。我先过去了，太太后过去，他要依了便没得话说；倘或不依，太太是多疑的人，只怕疑我走了风声，叫他拿腔作势的。那时太太又见应了我的话，羞恼变成怒，拿我出起气来，倒没意思。不如同着一齐过去了，他依也罢，不依也罢，就疑不到我身上了。

想毕，因笑道："才我临来，舅母那边送了两笼子鹌鹑，我吩咐他们炸了，原要赶太太晚饭上送过来。我才进大门时，见小子们抬车，说太太的车拔了缝，拿去收拾去了，不如这会子坐了我的车，一齐过去倒好。"邢夫人听了，便命人来换衣裳。

凤姐忙着服侍了一会儿，娘儿两个坐车过来。凤姐儿又说道："太太过老太太那里去，我若跟了去，老太太若问起我过来做什么，那倒不好；不如太太先去，我脱了衣裳再来。"

邢夫人听了有理，便自往贾母处。

这段话就显示出王熙凤的"聪明"之处。王熙凤是《红楼梦》里的人精。若是有好事儿，她肯定是百米冲刺跑在最前头；要是估摸着没什么好儿，她则施展一招绝活，将"皮球"踢给别人。我们虽然不提倡做王熙凤一样滑头，心狠手辣的人，但她的领导才能，尤其是口才，是值得我们学习的，取其精华，弃其糟粕，就能让过于老实的人受益匪浅。

魔力悄悄话

不论什么时候，老实人永远是人们称赞的对象，但也是经常"挨宰"的对象。因为聪明人"宰"不得，"宰"不着，还会遭其报复。所以，人们就把手伸向了老实人，因为老实人好"宰"，"宰"了还不自知，知了也不会报复。因此，老实人永远吃不开，永无出头之日。所以，我们倡导"做个聪明的老实人"，不要再受别人的算计和伤害。

方圆做人不意味失去真诚

"方"与"圆"是柔韧的智慧，是君子生活必遵的法则。如果一个人能够真正领悟并运用好这一处世良方，那么任何新环境都不难适应，任何复杂的人际关系也不难料理。所谓方圆，即"做人要方，处世要圆"。这句话体现了中国人特有的聪明。这话并非老于世故、老谋深算者的处世哲学，而是任何普通人都适用的生存智慧。

"方"让人想到方方正正，有棱有角，说的是做人做事要有自己的主张和原则，不要为他人左右。"圆"，就是圆滑世故，深沉老练，说的是做人做事要讲究技巧，能够认清形势，灵活多变，可以左右逢源，使自己进退自如，游刃有余。

"圆"为灵活性，随机应变，具体事情具体分析；"方"为原则性，坚守一定之规，以不变应万变。人的智慧虽然应圆融无碍，但在具体的作为上不能模棱两可。也就是说，做人必须遵守一定的法度和规则，以便立足于社会。这就是"行欲方"的含义。

方圆性格是一种难以达到但人人都向往的性格。这种性格包容性强，融诸家思想之精髓。具有这种性格的人有"忍"、有"慈"、有"残"、有"变"。他们把宽容、博大、仁爱交融在一起，运用时能够根据具体情况做出调整，灵活变通。这才是所谓的"方圆性格"。

乾隆帝晚年，和珅位高权重，几乎一手遮天，大小官吏趋炎附势，奔走门下。纪晓岚却始终保持清廉正直的品格。坚决不与他们同流合污。

相传有一次，和珅新造了一座府邸，并在花园中建了一座凉亭，当然要题匾，和珅便求纪晓岚为匾题写。纪晓岚虽不愿得罪和珅，但又看不惯其所作所为，便想暗中嘲弄他一下。

纪晓岚谦和地接待了和珅，郑重其事地为和珅题写了两个大字："竹苞"。这"竹苞"二字本是《诗经·小雅》中的词语，其原句是"如竹苞矣，如松茂矣"，所以人们常以"竹苞松茂"代表华屋落成，预示家族兴旺之意。和坤见纪晓岚只写"竹苞"二字，以为文简意丰，别有韵味，便制成金匾，端端正正地挂在亭上，还时常向别人炫耀。

没有多长时间，乾隆来到和府游玩。到了花园，乾隆看见亭上的匾额，便问和坤是何人所书。和坤奏过后，乾隆说道："是啊，也只有纪晓岚才能写出这种词儿来……"说罢哈哈大笑。和坤听皇上笑得弦外有音，心中疑惑不已，却又不敢多问。同时陪乾隆游玩的还有大学士刘墉，他见和坤一脸茫然，就对和坤笑道："和中堂，鄙人之见，这个纪晓岚在和你开玩笑！"

和坤更加不解。刘墉笑道："您把'竹苞'二字拆开来看，岂不是'个个草包'吗？"和坤这才恍然大悟，心中又羞又恼。这就是一个方圆的处世例子。当对手非常强大或十分难缠，自己处于不利地位时，不妨转换一下思维，采取曲线行动达到自己的目的。

做人要圆。这种圆是圆通，是一种宽厚、融通，是心智的高度健全和成熟。不因洞察别人的弱点而咄咄逼人，不因自己比别人高明而盛气凌人，任何时候都不要因坚持自己的个性和主张让人感到压迫和惧怕，任何情况都不要随波逐流，要潜移默化，绝不让人感到是强加于人……这需要极高的素质，很高的悟性和技巧，这是做人的高尚境界。古人讲求"中庸"，说的就是做人的方圆。

一位身着便服的侦察员走进列车上的厕所。冷不丁，一个妙龄艳装的女人一闪身也跟着挤进厕所，反手将门锁上："先生，把您的手表和钱包给我。否则，我就喊你侮辱我！"

面对这突如其来的场面，侦察员清楚地知道，厕所里没有其他人，辩解是毫无意义的，稍有迟疑，女人就会反咬一口，立即使自己陷入困境。思维敏捷的侦察员急中生智，张着嘴巴不停地"啊，啊"，一个十足的聋哑人，表示不懂女人说的是什么。

女人赶紧打手势，侦察员仍然窘急地"啊啊"着，见此情景女人失望了，真倒霉，怎么碰上这么个人！她转身正想离去，这时，侦察员一把抓住女人，拿出钢笔，打着手势请她将刚才说的话写在手上。女人欣然接受，接过钢笔就在侦察员的手上写道："把你的手表和钱给我。不给，我就喊你侮辱我！"侦察员立即翻转手掌，抓住女人说："我是便衣警察，你犯了抢劫罪，这就是铁的证据!"女人目瞪口呆,乖乖被擒。就这样便衣警察靠勇敢和机智战胜了犯罪分子。

遇到紧急情况,应随机应变,千万不能墨守成规,否则僵持下去,只能导致更为难堪的局面。具体问题具体对待,融方圆为一体,事情就好办了。

方圆兼容是柔韧的智慧,也是君子的生存法则。如果一个人能够真正领悟并运用好这一处世良方,那么任何新环境都不会觉得难以适应,任何复杂的人际关系都不难料理。把圆和方的智慧结合起来,做到该方就方,该圆就圆,都恰到好处,就能做到不急不躁,不偏不倚,可进可退,可方可圆。这样,你的人生就达到了最高境界,不论在何时、何地,你都不会吃大亏。

魔力悄悄话

如果说"方"即是"刚",那么"圆"必是"柔"。如果一个人一味刚硬,恐怕注定会失败。相反,如果一个人一味柔弱,也只会成为别人的笑柄。所谓圆就是圆通、圆活、圆融、圆满。在"方"的基础上加入"柔"功,能方则方,需圆则圆,就是"方圆人生,刚柔相济"。

第三章
真诚是一种心灵之花

太阳的温暖可以融化高山的积雪,人间的真情能够除去心头的寒霜;以诚相待,那么风雪中瑟瑟颤抖的人得到炉火的温暖,赛过百声假惺惺的寒暄,胜过千句轻飘飘的抚慰。

"真诚是一种心灵之花。"它洁净清澄如泉,是发自内心的、源于心底的真情;用真诚奠基的真情,能经得起岁月之河的荡涤。

每个人的内心里都渴望得到他人的尊重,但只有尊重他人才能赢得他人的尊重。尊重他人是一种高尚的美德,是个人内在修养的外在表现。

用真诚赢得爱与和谐

真诚,是人与人之间一种诚恳的相处态度。人与人之间的相处,应该与人为善,拥有良好的目标和准则,这种出于善意的相处准则会给自己、他人以及社会同时带来收益。对于我们所处的社会而言,交际的本质就是给予和索取。

精神范畴上的给予,如果给予者没有真诚,那么别人就不可能得到心灵上的关怀;如果是物质上的给予,缺乏诚意,则容易伤及对方自尊。这个社会上不乏虚伪之人。他们把社交的技巧看成是谋取个人利益的一种手段。

例如历史上那些善于给君王戴高帽子的奸佞之辈,往往都伪装成一副真诚的样子,做正人君子状,私底下却做着见不得人的勾当。但是,虚伪、伪装的东西是绝对经不起时间的检验的,总有一天会被人所识破。所以,一个人如果没有真诚的待人处世态度,那么他无论是在感情上还是在物质上,注定都不会取得大的成功。

日本松下电器公司在成立早期,还是一家小工厂,作为公司领导,松下幸之助总是亲自到客户那里推销产品。每次在碰到对方讨价还价时,他总是真诚地说:"我的工厂是家小厂。炎炎夏日,工人们在炽热的车间里加工制作产品。大家汗流浃背,却依旧努力工作,好不容易才制造出了这些产品,依照正常的利润计算方法,这个价格没有办法再降低了。"听了这样的话,对方总是开怀大笑,说:"很多厂家在讨价还价的时候,总是说出种种不同的理由。但是你说得很不一样,句句都在情理之中。好吧,我就按你开出的价格买下来好了。"

松下幸之助的成功,在于他真诚的态度。他的话充满情感,描绘了工人劳作的艰辛、创业的艰难、劳动的不易,语言朴素、形象、生动,语气真挚、自然,唤起了对方切肤之感和深切的同情。正是他的真诚,才换来了对方真诚的合作。

真诚力——季布一诺赛黄金

说话具有真情实感，能够做到平等待人，虚怀若谷，这样的人说的一字一句都犹如滋润万物的甘露，点点滴入听者的心田。

在我们日常的生活和工作中，其实并没有绝对的正确和绝对的错误，有的只是一个人所站的立场不同。只要得到了你的认同，这个世界就是对的。

因此在生活或工作中，我们要经常设身处地地为别人多着想，经常主动地去理解别人，真诚地认同别人的话。即使对方的观点有点不符合事实，我们也不需要仅仅凭借自己的主观意见去指责或说对方的不是。只有当我们真诚地关心别人时，我们才能获得别人的关心、认可和支持。

魔力悄悄话

一个人能成功，很多时候并不在于他口若悬河的口才，也不在于他有多么强大的能力，更不在于他有如何深厚的背景，而是他能为他人着想，关心他人的利益，用自己的真诚换来了他人的信任。如果大家都能够做到彼此真诚相待，那么这个世界必将充满爱与和谐。

用一颗真心成就别人的尊敬

我想,成功的秘密就是赢得顾客的尊敬。如果顾客尊敬我们,他们就会无条件地来购买我们的产品,即使对手提供更令人心动的价格,他们还是会不改初衷。

我们都知道,在营销工作中,第一印象很重要,要让客户觉得你很真诚并且尊重他,你必须给他留下真诚的第一印象。日本著名的推销大王原一平说过:"做人做生意都一样,要诀是诚实。诚实就像树木的根,如果没有根,那么树木也就没有生命了。"原一平也用自身的实践和经历证明了这一点。他年轻时曾经在一家办公设备的厂里做推销员,凭借着自己的努力,销售业绩节节攀升,拥有了一大批关系非常好的客户。在一次偶然的机会中,他却发现他现在所卖的一款产品比别家公司所生产的同样性能的产品价钱要贵。他想:如果客户得知了这个情况,一定会觉得我的产品多赚了他们的钱,会对我的信用产生怀疑。之后,为了妥善解决问题,原一平便带着客户当时签下的购买订单,逐户拜访客户,并如实向客户说明情况,请客户重新考虑选择产品。这种看似荒唐的做法使每个客户深受感动。最后的结果是,30 位客户中没有一个解除合约,反而更加信任和尊重原一平。

当然,这种真心换来尊重的道理,不仅仅适用在商业行为中,在我们日常的生活中,一样是这样的道理,只要真心为别人付出,就必然会得到对方的尊重,这个法则是通用于我们生活的任何一个方面的。

当年的拳王阿里,因为年轻时不善于表达自己,因而不被太多观众所了解,一定程度上影响了他的知名度。有一次,阿里参赛时膝盖受伤,观众大失所望,对他的印象更加不好了。而当时阿里并没有拖延时间,而是要求立即停止比赛。阿里对此解释说:"膝盖的伤还不至于到影响比赛的程度,但为了不影响观众看比赛的兴致,我请求停赛。"

在这之前,阿里并不是一个很有观众缘的人,但是由于他对这件事的诚恳解释,使观众开始对他产生好的印象。他为了顾全大局而请求比赛暂停的真诚,是在替观众着想,由此也深深地感动了观众。

阿里这种发自内心的真诚感动了观众,他用一句发自内心的真诚之语挽回了观众对自己的不良印象,也换来了观众对他的支持与尊重,可谓一举两得。

尊重他人是一个人的政治思想修养好的表现,是一种文明的社交方式,尊重是一种修养,一种品格,任何人不可能尽善尽美,一个真心懂得尊重别人的人,一定能赢得别人的尊重。

那么,我们应该如何去表达我们发自内心的真诚和尊重呢?首先我们必须要知道:**开朗是打开交际之门的钥匙,微笑是营造轻松氛围的纽带。**开朗让人觉得温暖,让人感到阳光!学会开朗,向朋友敞开心扉,也就拉近了和朋友的距离。人若经常板着面孔,在别人眼里只是一种孤傲幼稚的行为罢了。整天闷闷不乐,也会影响别人的情绪。颓废的心态犹如疫病,会产生群体效应。人若能经常保持微笑,别人也能对你微笑待之。自己也感到愉快,心情自然也好,整个外表也就神采奕奕,容光焕发。若少了微笑,就少了一份起码的友善。

其次,我们要做到待人热情,彬彬有礼。不管多年的朋友还是素不相识的人,见了面一定要热情。主动打招呼,嘘寒问暖。要长幼有序,对年长者要尊重,对年幼者要关心爱护。公共场合要有文明的素养,要谦恭礼让。还要做到谈吐自然,幽默风趣。在交往之中,语言是最直接的工具。谈吐文明,措辞雅洁,还要尽量幽默风趣些。谈吐间让人感到你的诚意,你的胸怀,还有你的学识。交谈时要注意和别人说话时的态度,要戒掉不文明的口头禅。切忌口若悬河,不给他人插话的机会。也不要随意打断他人说话,多用赞美,少点批评,在意见相左的时候,把自己的意见表达得委婉一些,别人比较容易接受。

赢得别人的尊重和喜欢,从本质上来说是一个渐进的过程。在品行、性格、行为、习惯等方面随时加强修养,就能逐渐形成健全的人格,也就能够赢得别人的尊重和喜欢。在社会大舞台上也就有了你施展才能的空间。尊重是一种修养,一种品格,一种对人不卑不亢、不俯不仰的平等相待,对别人人格与价值的充分肯定。任何人不可能尽善尽美,完美无缺,我们没有理由以高山仰止的目光去审视别人,也没有资格用不屑一顾的神情去嘲笑别人。

假如别人某些方面不如自己,我们不要用傲慢和不敬的话去伤害别人的自尊;假如自己某些方面不如别人,我们也不必以自卑或嫉妒去代替应有的尊重。一个真心懂得尊重别人的人,一定能赢得别人的尊重。

魔力悄悄话

　　用一颗真诚的心去对待别人,才有可能赢得对方的尊重。要从内心付出真诚的努力,就必然能够获得最终的成功。无论是在我们的职业生涯,还是在我们日常的生活当中,我们都要牢记这个法则,用一颗真诚的心去指导我们的方方面面。只要我们能够达到"成就他人"的更高境界,就必然能够让所有人感觉到我们的真心和诚意.从而让更多的人开始了解我们,尊重我们。

以大爱之心引导前方的路

若是员工把家人抛在脑后，献身于工作，不但不是忠于自己，而且在工作上也无法成功。然而，人们还是希望大家能感受到那种大爱，并愿意为他人服务。须知，只有鼓起勇气这么做的主管，才可以为部下带来快乐。大爱就是把快乐带给更多的人。

什么样的员工才是好员工？无条件的服从？这样的员工虽然执行力上可以打满分，但这却并不是大多数企业领导者愿意看到的，而且，企业通常也不会如此要求员工。因为一个企业，不仅需要一往无前的开拓力和执行力，而且也要有人性化的一面。

一个真正意义上的好员工，必须要爱自己的企业，一个能够热爱自己企业的员工，必然也会对自己的家庭、亲人和朋友充满关爱，这些爱之间是没有任何冲突的。并不是说一个热爱家庭的员工必然就无暇去爱自己的企业，这个逻辑是不成立的。相反，一个对家庭充满爱的员工，必然是一个责任心极强的人，这样的人无论是在家庭还是在企业里，都会非常负责任，而作为企业的领导者，也应该乐于看到自己的企业中有越来越多这种心中充满爱的员工。

在当今社会，那些大的企业，其企业文化必定会加入这种对爱的要求，比如团队精神，比如热爱产品，等等，这种泛指层面上的爱，其实是一种大爱，它不仅存在于我们的生活中，也存在于我们的工作中，存在于每一个人的身边，这种大爱无所不在。

这种大爱，体现在人们的思想和行为上，很多时候会体现在一个人的思想道德品质上。现代有许多企业在选人上也非常注意品德问题。北京住友公司选拔员工的一个重要标准就是品德，没有一个好的品德，他们绝对不会聘用的。

美国联邦快递公司的选人宗旨是招聘好人。他们的信条是："你可以教会员工做好所有的事情，但你教不会他们做好人。"他们通过各种方式考察员工的品德。如让被招聘的员工与公司员工打一场垒球赛,以此来考察新员工的团队精神;他们让准备提拔的员工到农场干又脏又累的活,以此来考察有没有吃苦耐劳的品德等。

远大集团对员工的品德要求更是严格,甚至到了苛刻的程度。如远大规定员工离婚要经过公司的同意,否则不能离婚;员工如果赌博,赌资超过 2 元钱的就要被开除。在远大犯别的错误可以原谅可以再教育,只要是涉及品德问题就没有原谅和再教育的余地。远大最痛恨的是对公司不忠诚。远大从来不去同行那里挖人才,总经理张跃认为,如果一个人因为利益被挖来,他也可能被人家用利益挖走,说明这个人的品行还是有问题的。远大看上去虽然出色的人才不是很多,但远大就是凭着较高的整体道德素质,凝聚成的坚强集体来支撑远大这座大厦的。

在许多企业领导者的眼中,他们认为,一锅再鲜美的汤,如果掉进了一粒老鼠屎,整个一锅汤都完了,可见用一个品德不好的人影响是多么大。所以,选拔人才一定要选拔那些品德高尚的人,那些心中有大爱的人。

同样,作为企业的领导者,一定要努力与员工一起营造一个积极、愉快、向上的企业内部环境,日本的八佰伴公司在这方面采用了爱顾客首先要爱员工的管理方法,虽然这位零售巨头的辉煌早已成为历史,但它在企业管理方面的很多经验仍然值得我们借鉴。

20 世纪 50 年代末,当时还是零售业巨头的八佰伴公司拟贷款 2 000 万日元为员工盖宿舍楼,当时的银行以"为员工建房不能创效益"为由一口回绝。但是公司老板和田夫妇并不气馁,他们苦口婆心,以爱护员工、员工才能努力为八佰伴创利的理由说服银行,终于建起了当时日本第一流的员工宿舍。那些远离父母过集体生活的单身员工,普遍都不太会关心自己的生活和健康,和田加津总是像亲人一样照顾他们,每周亲自制订菜谱,为员工做出可口的饭菜。不仅在生活上,甚至是在员工的婚姻上,也像关心自己的孩子一样关心他们,她先后为 97 名员工作媒,其中有一大半双职工都是八佰伴员工。

为了加强对员工的教育,除每天班前会之外,八佰伴每月还定时进行一次员工教育。员工教育中的精神教育包括创业精神、忠孝精神、奉献精神等。和田夫妇非常清楚,孝敬父母是一个人与别人和睦相处的基础,员工能孝敬父母,就说明员工具有高尚的道德情操,这样的员工一定也能尊敬上司,如果把他们对父母的关爱报答之心变成对公司的感恩之心,那将会极大地促进公司的发展。

一个真正拥有大爱之心的企业,其员工必定也心中有爱,这通常表现在以下这几个方面:

首先要爱公司,就是一定要了解公司,了解公司的历史、公司的使命、公司的愿景、公司的组织架构、公司的业务范围、公司的财务状况、公司的客户以及产品销售渠道。

第二要爱产品,就是充分了解产品的生产过程、原料组成、产品等级、产品构造、产品特性、产品使用方法、产品的利益点等等注意事项,以及产品给客户带来什么方便或者是带来什么好处,产品在消费者心目中的地位,消费者对产品的建议。还要知道哪些是公司的形象产品,哪些是公司的利润产品,哪些是主导产品等。

第三要爱家庭,就是对家庭生活负责任,对家庭成员友好,要有孝心。常常问问自己:你关心你的父母身体健康吗? 你关心你的另一半生活吗?你关心你的孩子成长吗?

能够做到以上这些的员工,必然会是非常优秀的员工,他们心中的大爱,不仅会给企业带来发展的动力,也会给自己的人生增加更多爱的色彩。

魔力悄悄话

无论是做人还是做企业,都要留住心中那份热爱,对于家庭的爱和对于企业以及自己事业的热爱,从本质上是相通的,那是一种贯穿整个社会以及我们整个人生的大爱,如果一个人能够以心中的大爱为导向去奋斗,那么他必将取得辉煌的成就;如果一个企业能够以大爱为导向,那么它必将成为客户和员工心中最有价值最值得去为之拼搏的企业;如果一个社会能够以大爱为导向,那么这个社会必定是一个其乐融融充满温馨的和谐社会。

把你的真诚与热情表现出来

一位哲学大师曾经说过："生命本身是一张空白的画布，随便你在上面怎么画；你可以将痛苦画上去，也可以将完美的幸福画上去。"

其实，痛苦并非必然的结果，幸福亦非遥不可及，全看你用什么态度去涂画自己生活和工作。

不要把工作视为生活之外的烦人事项，而是要把工作融入我们的生活，融入我们的心中，那么，我们自然而然就会心甘情愿地付出，也才会用最热情的心去感受这个生活的必需。

美国有线电视新闻网著名的脱口秀主持人拉里·金，出生于纽约的布鲁克林区，10岁时父亲因心脏病去世，从此靠着公众救济金长大成人。

从小便向往广播生涯的他，从学校毕业后先是到迈阿密一家电台当管理员，经过一番努力才坐上主播台。

他曾经写了一本有关沟通秘诀的书，书名叫《如何随时随地和任何人聊天》。书里提到他第一次担任电台主播时的经历，他说，那天如果有人碰巧听到他主持节目时，一定会认为："这个节目完蛋了。"那天是星期一，上午8点30分他走进了电台，心情紧张得不得了，于是不断地喝咖啡和开水来润嗓子。上节目前，老板特地前来为他加油打气，还为他取了个艺名："叫拉里·金好了，既好念又好记。"从那一天开始，他得到了一个新的工作、新的节目与新的名字。节目开始时，他先播放了一段音乐，就在音乐播完，准备开口说话时，喉咙却像是被人割断似的，居然一点声音也发不出来。结果，他连播了三段音乐，之后仍然一句话也说不出来，这时，他才沮丧地发现："原来，我还不具备做专业主播的能力，或许我根本就没胆量主持节目。"这时，老板突然走了进来，对着满脸丧气的拉里·金说："你要记得，这是个沟通的事业！"听到老板这么提醒，他再次努力地靠近麦克风，并尽全力地开始他的第一次广播："早安！这是我第一天上电台，我一直希望能上电台……我已经

真诚力——季布一诺赛黄金

练习了一个星期……15分钟前他们给了我一个新的名字，刚刚我已经播放了主题音乐……但是，现在的我却口干舌燥，非常紧张。"

拉里·金结结巴巴地一长串说了出来，只见老板不断地开门提示他："这是项沟通的事业啊！"终于能开口说话的他，似乎信心也唤回来了，这天，他终于实现了梦想，也成功地完成了梦想！那就是他广播生涯的开始，从此以后，他不再紧张了，因为第一次广播经验告诉他，只要能说出心里的话，人们就会感到你的真诚。身为著名主播，拉里·金的经验是"谈话时必须注入感情，表现你的热情，让人们能够真正地分享你的真实感受。"

对拉里·金来说，广播不只是一项沟通的事业，更是充实他精彩人生的第一要素，所以，他在书中一直告诉我们"投入你的感情，表现你对生活的热情，然后，你就会得到你想要的回报"。

这不仅是拉里·金在奋斗的道路上所领悟出来的成功秘诀，也是每个希望成功经营自己的有心人最为有用的成功指引。

魔力悄悄话

真诚的心态就像阳光雨露般，能温暖人心，净化心灵。诚是立身处世的不二法则，其力量无限，源源不绝。任何对立与冲突，都能在真诚的言行中化解；任何怨恨不满，都能在真诚的关怀中消融；任何困顿厌倦，都能在真诚的互爱中消逝；任何猜忌误会，都能在真诚的交流中化解。

真诚地对别人微笑

一位成功的企业家透露自己成功的秘诀,说他的微笑价值至少百万美金。因为除了他那高尚、杰出的人格与才华之外,他那富有魅力的微笑亦是使他事业成功的主要原因之一。

行为的表现往往比语言更具说服力。一脸微笑的人不假言辞即可告诉你:"我喜欢你,你使我很快乐,我很高兴能见到你。"

这么说来,虚情假意的笑是不是也有此功效呢?不!那绝对是骗不了人的,那种笑容是机械、僵硬的,任何人看了一定都会感到非常厌恶。我们所说的微笑应该是一种真诚的发自内心的微笑,也只有这种微笑才有可能在人际关系中引起友善的回响。

全美最大的一家橡胶公司的总裁说,一个人除非对他所从事的工作发自内心地喜爱,否则是绝难成功的。这位企业界巨子一点也不相信单凭辛勤工作即能成功的说法。"我看过的人太多了!"他说,"那些成功的人,哪个不是对工作本身充满兴趣与狂热,他们脸上总是挂着由衷的微笑。而那些一开始工作就板着脸,好似痛苦莫名的人,到头来没一个是成功的。"

如果你天生就不爱笑,那就强迫自己去微笑。一个人没事的时候,也最好唱个小调或吹吹口哨,装出很快乐的样子。只要你肯这么做,往往真会带给自己意想不到的快乐。

哈佛大学的威廉·詹姆斯教授就曾说过:"表面上看来,动作表现是随着情绪变化而生的,事实上它们两者是相依相存的。只要能有技巧地引导意志所能控制的行动,我们自然能间接地引导我们的情绪——而情绪都是非意志所能控制的。所以,如果你希望享受到快乐,唯一要做的事就是挺直腰杆,精神抖擞地坐起来,装出一副快乐的模样。"

以下是一位心理学家的一段建议:

真诚力——季布一诺赛黄金

"任何时候出门,别忘先收紧下颌,抬头、挺胸,享受一下门外阳光的洗礼,并对碰到的每一位朋友报以真诚的微笑。握手的时候都不忘用心去握,让对方明晰地感受到你的友善。不要怕遭人误会,更不要浪费时间去考虑你的敌人会如何如何,专心地做自己想做的事,能够做到这些,你自会在不知不觉中朝目标迈进。永远记着要保持一个健康、正确的心态,勇敢、坦白、开朗,这些全是创造快乐的源泉。"

按照上面说的去做,你就会有所收获。

魔力悄悄话

决定快乐与痛苦的主因并不在于你是何许人,你的成就高低,或是从事何种职业。在同样一家公司上班,工作大同小异,就连薪水也相同的两个人,很有可能一个苦不堪言,另一个则是如鱼得水,乐在其中。原因很简单,因为这些全是心理态度使然。

我的财富，我的真诚

我不贫穷，但我也不富有，我唯一的财富是我的真诚；我唯一的满足是我的真诚；我唯一的骄傲是我的真诚。

因为我有了真诚，我的头从不低下。因为我有了真诚，我的眼光从不躲闪。我的真诚使我的一生没有悲哀；没有痛苦，没有悔恨，愿我真诚的生命永远闪光。

真诚是一种不加掩饰、不加掩盖的透明；是一种没有面具、没有虚伪的坦露。真诚是一种优雅，是一种宁静，是一种圣洁，是一种美好，是一种淡泊，是一种成熟，多一分真诚就多一分美好；多一分真诚就多一分坦率；多一分真诚就多一分祥和。

拒绝真诚，你就拒绝了问心无愧；拒绝真诚，你就拒绝了和风细雨；拒绝了真诚，你就拒绝了蓝天白云；缺乏真诚的人生是一种苍白的人生，是一种迷失的人生，是一种畸形的人生，是一种丧失人性的人生。

没有真诚你就没有坦然处之；没有真诚你就没有安然入梦；没有真诚你就没有哀怒与喜悦；在人与人交际的沙龙里，我们都渴望彼此真诚。

真诚犹如一潭幽静的湖水，宁静、淡泊、高贵而且美丽；它有时也许会有泥块和沙石的袭击，但它凭着自滤作用，污秽也会沉淀，始终保持自己的容颜光彩照人。

高山真诚，展现出身躯的伟岸；大地真诚，把沧海变成了桑田；让我们用真诚把"人"字写直写高；把尘封的心胸敞开，荡去狭隘自私的云烟，活出一种朴实，活出一种尊严。

真诚为人你是豁达的；真诚为人你是健康的；真诚为人你将是潇洒的；真诚为人你将是出类拔萃的；真诚为人你将是超凡脱俗的。

不管是虚幻的网络还是真实的现实；真诚不是春光里的繁花却是盛开的希望；让我们凝视阳光、凝视真诚。

我不知道真诚是什么样子，但我知道世界少了真诚是什么样子；真诚不是人际间相互倾轧,欺诈,说话处处留心,做事时时防备,你诽谤我一寸,我损你十分……不累吗?

真诚是心灵的翅膀,不管是顺风,还是逆风,它却能让我们的生命轻轻飞翔,触到蓝天的洁净和白云的舒展;卸去征程中的疲惫,获得精神上的安逸,做一个真诚的人很难,人与人之间的沟通不是简单的方程,你真诚的举动可能换来的是别人的冷嘲或者热讽,但那颗安在自己胸中的心脏,常常为别人而无私地跳动。

真诚的人付出自己真诚的时候,他需要的不是物质上的具体回报,而是精神上的理解和安慰真诚这个词,一旦落实到实际行动上就没有虚幻的形式,而是实在的内容。

一个真实的人,有时候可能做出某种傻事甚至蠢事,但他决不会做出对不起良心的事,真诚即真实诚恳,真心实意,坦诚相待,以从心底感动他人,而最终获得他人的信任。真诚能够使我们广结善缘,使人生立于不败之地,能够缔造幸福美满的人生;真诚能使人笑口常开,好运连绵,祥和社会,温暖人间……

魔力悄悄话

友情需要一点互助,一点真诚,一点信任;爱情需要一点激情,一点浪漫,一点平淡;亲情需要一点无私,一点孝顺,一点团聚。生活和人生,就是一点一滴拼凑的!选的料好,拼出来的生活味道就好;选的料好,拼出来的人生韵味就足。点滴生活,十足人生!

做人要厚道，为人要真诚

厚道就是心胸宽广，心存美好，心存善良。厚道就是将心比心，心情豁达。厚道可以化干戈为玉帛，化复杂为简单。厚道是为人处世的基础和前提，更是通向成功的捷径。

"厚道"是处世的前提，人要想学会"处世"，首先要学会"做人"。"做人"就是立身处世，是以道德律己，以道德待人。经常人给我一横眉，我还人一笑脸；人给我一暗箭，我坦然回以报之。"厚道"使人体会到交际沟通之道，如果你拥有了"厚道"在交际之中才会无往而不胜。

厚：人生一字诀之一，真诚厚道，抱朴守拙。厚即厚道，它是人的一种优秀品质。厚道的人深得朋友的尊敬和爱戴，容易得到别人的支持，能够创造和谐的人际环境。

但是，人生一世，草木一秋，唯有慈悲为怀，宽容为大，才能够真正地理解生命存在的真谛。然而，事物总是一分为二的，有厚道就有圆滑。时下社会趋于多元化，积极的一面固然很多，但也使得某些不厚道的人反而大行其道，看着这一部分人八面玲珑、左右逢源，倒也潇洒得很，或者说比较吃得开、玩得转。我想，这恐怕也是暂时的吧，因为时间老人会作出正确的裁判。说得更透彻点，一旦被周围的人看清了真面目，那么这些多面讨好或者"墙头草"式的人物只能是聪明反被聪明误。

那么，厚道的人往往具备有哪些有利因素呢？

做厚道的人要有良好的品德人。真实良好的品德包含两层意思：一曰诚信；二曰坦率。"君子修身，莫善于诚信。"这是古人对诚信的认知。做人要厚道是一种做人的原则，人生活的不是真空，每个人的周围都有这样那样的人，聚在一起，便形成了多彩的世界。生活中，人与人交往要厚道。别人拿真心对待自己，自己就应该还以真心；别人对自己心怀宽容，自己就应该对别人更加大度；别人对自己无比尊重，自己就应该更加高看人家一眼；别人经常关心自己，自己也要经常雪中送炭。这些都算厚道。

做厚道的人往往朋友比较广泛。人是需要厚道的,厚道的人才会得到别人的尊重,厚道的人才能得到众多的真心朋友。厚道的人在最后总会比阿谀奉承的人能得到的更多,他们能得到更多厚道的人的赞许,也会得到他们的爱。

厚道的人往往是最受欢迎的人。做人厚道的好处多多,诚心可以换得别人的诚心,仁爱可以换得别人的追随,鼓励可以换得别人的感激。

做厚道的人容易得到别人的支持,人常说:"此人有厚福。"厚福,不是天赐之福,而是"因厚道而得福",厚道的人朋友多,厚道的人容易得到别人的支持。所以,我们在与人相处时要厚道,严格地要求自己,宽容地对待他人,凡事礼让为先,为他人着想,能不计较的不要计较,能成全的就要成全,能帮助的尽量帮助,这样,我们办事才会比较顺利,前途才会更将广阔。

做厚道的人办事总是比较顺利。厚道一点,吃亏是福,厚道的人必将得到回报。厚道是以诚相待、大度宽容,厚道是谦逊礼让、诚实守信。厚道的人宽厚待人、以心换心,拥有好的人缘,同事、朋友、亲人都信任他。厚道是做人之本,精明是成事之道。

厚道做人,精明做事,既不做碌碌无为的平庸者,也不做狡猾奸诈的小人,而是做一名恪守中庸之道的君子,这样你才能在人际交往中如鱼得水,左右逢源。

做厚道的人处的环境会比较和谐,自己厚道就是自己吃亏,谁会这么傻做这样的事情呢?有这种想法的人只看到了事物的一面,没有看到事物的另一面,只看到了眼前的利益,没有看到长远的利益,觉得此时此刻自己吃亏了,却没有想到未来的日子因为你的厚道也许会得到更大的回报,将心比心,人心都是肉长的,人之初,性本善,恩将仇报的人毕竟是极少数,换做你自己,别人帮助了你,难道别人有了困难你就忍心袖手旁观吗?所以,在生活工作当中,吃点小亏并不是坏事,反而是一种福气。厚道一点,吃亏是福,厚道的人必将得到回报。

做厚道的人前途更加广阔。厚道之人因心里阳光而身体健康,不厚道之人因心怀叵测而害人害己。人生期望成功,应当首先从谦恭做起,一旦骄横染身,便是人生失败的开始。

那么,厚道的人应具备哪些基本条件呢?

做厚道的人,要有一个宽厚善良的心。宽厚善良是一种胸怀,同时也是中华民族传统道德体系的基础和核心。它包含3个内容:第一要有宽容之德。有人说，世界上广阔的是海洋，比海洋广阔的是天空，比天空广阔的是人的胸怀。这句话很有哲理。其实，人的内心蕴藏着很大的包容性，你越是宽容他人，就越容易获得尊重。有句古训叫做"律己当严，待人当恕"。冰释前嫌可以换来理解、换来和睦、换来友谊，而耿耿于怀只会让人与人之间的距离越来越远。当然，宽容并不是无原则地由其肆意妄为，而是在坚持原则的基础上，给他人以足够的空间和改过的机会，做到宽厚而严肃、柔和又坚定。

第二要有厚道之品。厚道是人性中的真善美，它是以心换心，以情换情。厚道不是懦弱，也不是无能，而是一种气度、一种雅量。厚道的人心底无私、襟怀坦荡、光明磊落，心灵清澈而见底。

第三要有善良之心。我们所处的社会好比一个大的家庭，每个人都应该学会与人为善，不以恶小而为之，不以善小而不为。素昧平生之人有难，拔刀相助，是谓小善；国家危难之际，赴汤蹈火，舍生取义，是谓大善。但是不管是小善还是大善，只要永远有一颗善心，便足以让你成为一个高尚的人。

做厚道的人，要有一个品行端正的形。古语讲"先修身而后求能。"客观地指出了人的修养、品行对于个人价值的重要性。有了好的人品作保证，做人才有底气，做事才会硬气。

品行端正至少包含 3 层意思：第一要正直。一个正直的人，会体现出巨大的人格魅力。人生在世，只有把自己这个"人"字写正了，才会有服众的底气和被尊敬的资格，真正做到"不诱于誉、不恐于诽"。

第二要严谨。严谨是对生活负责任的一种态度，也是对自己修身的更高要求。严谨是务实、高效、追求完美的一种表现；严谨是洁身、克欲、自律的一种手段。

第三要忠诚。"忠诚"是对一个人生活中所扮演的各种角色是否合格的一个检验标准，是惠及他人的一种大德。人各有所事，便应各有所忠。

做厚道的人，要有一个真实坦诚的情。真实坦诚包含 3 层意思：一曰诚信；二曰诚恳；三曰坦率。第一要诚信。"君子修身，莫善于诚信。"这是古人对诚信的认知。"真诚换真心，诚信变真金"。这是现代人对诚信的理解。现实中诚信的重要性体现在方方面面。没有诚信交不了朋友，没有诚信谈不成生意，没有诚信干不了大事，所以说，诚信是做人最基本的道德底线。

第二要诚恳。现在的社会，信誉被认为是最昂贵的资本，为了一点小小的利益而拿自己的信誉作赌注,委实有些得不偿失。所以,真实坦诚地待人,诚恳率真地处世,是做人最明智的选择。

第三要坦率。为人要做到真实可信,必须保持一种坦率的态度。而人与人的沟通最好的方法就是坦率,说话直截了当、开诚布公、推心置腹。当然坦率也需要艺术,要讲方法、把握时机。

总而言之,厚道有如参天的大树,为你遮挡暑热炎凉;厚道有如坚实的舞台,容你演绎生旦净末丑;厚道有如母性的怀抱,替你抚慰喜怒哀乐;厚道有如宽广的大海,载你搏击风雨浪涛。大地不厚,承不了山川海岳;人心不厚,得不到道义情谊。

魔力悄悄话

古往今来,莫不如此。得意忘形,人生失败之祸根。人生启迪:有本事、有志向的人,大都谦虚谨慎,而那些骄傲自满、趾高气扬的人,大都目光短浅、志向不高。我们现在讲科学发展观,讲可持续发展,这就要求我们对自然资源也要厚道一点,不能竭泽而渔,过分刻薄。让自然环境能够有生生不息的条件,我们的生活才能蒸蒸日上。

只有真诚，才能有永远

真诚，是人性中最美好的品质，具有无穷的魅力，一个人能否做到真诚，不仅体现出一个人自身的价值，而且也体现了一个人的人格魅力。

真诚是火，当心与心之间横出樊篱时，它会焚去所有的阻隔，引导心灵共同拥抱美好与真情；真诚是水，当思想里积起种种难以沟通的障碍时，它会洗去一切误解，在不同的思想之间架起一座理解与友爱的彩虹。

人与人相处，最重要的是坦率和真诚，在网上也一样。我比较欣赏朋友间的那种的纯净和坦荡，就像蓝天，晴空万里，像大海，那么宽厚博大！山不在高，有树则名；水不在深，清澈则明；朋友不在多，心诚则行。只有真诚，才能相处；只有真心，才能相知。

无论是在现实中还是在网络上，我们都离不开朋友，我们都渴望拥有知己。

因为，在人生的路上，并非到处都充满了掌声和鲜花，并非事事都一帆风顺。

在这个复杂纷繁、变幻莫测的世上，一切都在不断地改变，世事茫茫难以预料，人人都有不如意，家家都有本难念的经，不论是男人还是女人，每个人都有烦恼和脆弱的时候。

烦恼需要诉说，痛苦需要流泪，愤怒需要呐喊，委屈需要倾诉，悲伤需要慰藉，这是我们的本色。

男人烦恼时会约上朋友举杯消愁，女人痛苦时会在朋友面前涕泪长流，只有在真诚朋友面前，我们才可以痛快哭，痛快笑，痛痛快快地诉说内心的烦恼！

只有面对真诚的朋友，我们才可以淋漓尽致地表现出喜怒哀乐的情怀。

拥有真诚的朋友，比拥有黄金更快乐。因为黄金是有价的，而真情却是无价的，真诚的友情是心灵与心灵的互惠，它比天高，比海深。

真诚力——季布一诺赛黄金

朋友能给人力量，朋友能安慰生活，抚平心中的创伤。朋友不仅是心灵的向导，也是温馨的避风港，在真诚的朋友面前，我们可以轻松地喘气，可以自由地呼吸，一颗忧伤和躁动不安的心，也会归于安宁。

魔力悄悄话

人生需要友情，友情一定要用真诚浇灌。你付出的是真诚，回报给你的也是真情。若是缺乏真诚的友情迟早都会结束，因为友情容不得虚伪。只有真诚，才能有永远。

第四章
要的就是真诚本色

　　正是因为许多人把内心最初的梦想埋藏得太深，所以他们几乎已经忘记了内心真实的自己是什么样子。如果你的内心还留存有那份渴望，那份做回真实自己的渴望，打禅或瑜伽等修行也是以磨砺心智为目的，它们像打磨镜头似的，从心的外层向内层不断尝试剥落外层的壁垒。

　　首先剥落最外层的知性到达感性，继续磨炼感性到达本能，再磨炼本能……直至最后真我表露出来。从外向内进行彻底的心性的磨砺就是修行。所谓醒悟，是指彻底磨炼心智，直至真我。

找到内心深处那个真实的自己

真诚就是真我,因而也是极其美好的。它充满爱、诚实和协调,兼备真、善、美。人类是极其崇尚真、善、美的,那是因为人类心中存在具备真、善、美的出色的真我。正因为是心中具备的东西,所以我们才不停地追求。

最近有这么一句网络流行语:"每个人出生的时候都是原创的,可悲的是,许多人渐渐地变成了盗版的。"这句话乍一看让人忍禁不住,但是细细想来,又不免悲哀,现实就是如此,刚出生的时候,每个人都一样率真,想哭就哭想笑就笑,不加丝毫掩饰,但随着岁月的流逝和年龄的增长,大家都戴上了各种各样的面具,大多数时候,我们其实失去了真实的自己。或许随着时间的洗礼,我们都得变成另外一个自己,但是,这真的是我们想要的吗?

三字经有云:人之初,性本善。这个"善"字并不仅仅是指心地善良,而是包含了"真""善""美"的涵义,那是一种没有任何修饰的真实的自己,最初的我们可以说一无所有,但是却拥有最真实的自己,因为自己想要的一切,无论是食物还是玩具,还是母亲的怀抱,都是完全发自内心的。但是渐渐地,我们开始追求另外一些东西。曾经在书上看到过这样一句话:"人的痛苦就是来自拼命追求那些不能代表我们的东西。"这其实说的是另外一种自我,就是那些不能代表我们,而我们又在拼命追求的东西,比如金钱、地位、服饰、房子、车子、孩子、伴侣、家境、工作……在追逐这些东西的过程中,我们最初的那份真实被隐藏得越来越深,甚至已经不记得自己真正想要的到底是什么。

在一个有关人生的课堂上,老师给学生们讲了这样一个故事:

三只猎狗追一只土拨鼠,土拨鼠逃跑时钻进了一个树洞。这个树洞只有一个出口,不一会儿,忽然从树洞里跑出一只兔子。兔子飞快地向前跑,并爬上另一棵大树。兔子因为慌乱在树上没站稳,掉了下来,砸晕了正仰头看的三只猎狗,最后,兔子终于逃脱……

好！到这里故事讲完了！请问：这个故事有什么问题吗？

学生们有的说："兔子怎么会爬树呢？"还有的说："一只兔子不可能同时砸晕三只猎狗呀！"大家众说纷纭……

直到学生们再也找不出问题了，老师才说："可是，还有一个问题。你们都没有提到，那就是——土拨鼠哪里去了？"

其实，最后一个问题"土拨鼠那里去了"才是问题的关键，"土拨鼠才是一开始猎狗追求的目标，可是由于兔子的出现，猎狗改变了目标，我们的思维也不知不觉地打了岔，土拨鼠竟在我们的头脑中消失了。"

这个故事告诉我们：在追求人生目标的过程中，我们有时会被风光迷住，有时会被细枝末节给打断，有时会被一些琐事分散精力，在途中停顿下来，迷失方向，或走上了歧路，从而终止了最初追求的目标。人生的路很长很长，既有奇花异草的诱惑，又有重峦叠嶂的阻挡，我们一定要常常提醒自己"土拨鼠到哪里去了？"不要忘记自己最初的追求目标。

其实，要做真实的自己，就是要坚持自己最初的梦想。梦想对于我们每个人，就像是种在内心深处的那颗种子，有的盎然生长，而有的却未见能开花结果。有的人在追寻的路上停留在了半路，有的人甚至忘了来时的路，而只有坚持的人才能最终到达终点，就像有首歌唱道的："最初的梦想紧握在手上，最想要去的地方，怎么能在半路就返航？"

有一部印度电影《三傻大闹宝莱坞》，讲的是几名大学生对待人生梦想的故事，片中的主人公之一兰彻传递给大家的正是这种坚持最初梦想的生活态度，或许，在别人看来，考入一所知名的大学，按照父母给我们设计好的人生道路走下去，我们就可以让我们未来的生活过得更加富足安逸，但是仔细想想，那是我们内心想要的快乐吗？如果不是，我们对工作的那份激情又有几分呢？选择自己喜欢的，听从自己心灵深处的呼唤，才会让我们的生活更精彩。就像兰彻的那位朋友说的那样，与其按照父母的意愿做个平凡的工程师，还不如选择自己一直都喜欢的摄影，虽然做摄影师的收入没有做工程师的收入高，可那是自己一直想要的职业和生活，自己会从中得到真正的满足和快乐。

影片中的几位主人公不正是现实生活中我们的写照吗？很多时候，我们由于种种原因放弃了最初的梦想，毕竟这个世界太过复杂，很多时候我们都是身不由己，太多的东西需要我们去努力去争取，也许通过自己的奋斗我们得到了许多,拥有了许多常人无法拥有的光环,在别人眼中风光无限。可是总会有那么一些午夜梦回的时候,独自沉思,想起自己心中曾经的梦想,那份遗憾始终挥之不去。可是到了天亮,想起今天排满的日程和工作,不得不又把那份梦想重新埋藏到心底……其实,很多时候,放弃最初的梦想,仅仅是因为我们一念之间的胆怯,不敢去坚持,从此埋下了遗憾的种子。如果在当初抉择的时候能够听从内心的声音,坚持自己真实的想法,也许我们的人生又是另一番模样。

魔力悄悄话

　　正是因为许多人把内心最初的梦想埋藏得太深,所以他们几乎已经忘记了内心真实的自己是什么样子。如果你的内心还留存有那份渴望,那份做回真实自己的渴望,那么,我们不妨按照以下几点去做:首先,不要用任何手段去掩饰自己的真实想法,善待自己内心的渴望;第二,不要被"过去"或者"未来"这样的时间幻想去束缚,跟随自己的内心,活在当下;第三,不要给自己贴任何标签,做一个彻底自由的人。做到了这些,我们眼中的世界才会更加真实清晰,我们才能更加容易理解生命的真谛,找到真实的自我。

把心磨炼到只剩下真我

打禅或瑜伽等修行也是以磨砺心智为目的,它们像打磨镜头似的,从心的外层向内层不断尝试剥落外层的壁垒。首先剥落最外层的知性到达感性,继续磨炼感性到达本能,再磨炼本能……直至最后真我表露出来。从外向内进行彻底的心性的磨砺就是修行。所谓醒悟,是指彻底磨炼心智,直至真我。

当今社会随着现代化程度的不断提高,人们的物质生活也得到越来越多的满足。但是,物质与精神发展的不同步就好比鱼与熊掌不能兼得一样,人们在物质得到满足的同时,心理上却愈发找不到满足和解脱的感觉,因此许多人开始学着去磨炼自己的内心,以追求内心的宁静。这其实就是一个寻找真我的过程,找到了真我,也就获得了心灵上的解脱。如今许多人选择打禅或者瑜伽等方法去磨炼自我,就是因为它们可以帮助人们更加接近自己内心的真我。

关于瑜伽,在《薄伽梵歌》中是这么描述的:"当一个人的大脑、智力和自我得到控制,不再受缚于无休止的欲望,一切都安驻于内在的圣灵。这时,那人就成了一名'瑜卡塔'——与神融为一体的人。

没有风的地方,灯火不会闪动;同样,一个能控制自己的大脑、智力和自我的瑜伽师也能够完全沉浸于他内在的神性中。当无休止的大脑、智力和真我通过瑜伽的修习而静止,瑜伽师通过他内在的神性恩赐找到了最终的圆满。

于是,他懂得了永恒的快乐,它超脱于那些苍白的感觉之外,这是理智所无法领会的。

他遵守这种真实,从此毫不动摇。他已经发现比其他所有事物都更为珍贵的珍宝。

没有任何事物比它更重要。已经达到这一境界的人即使面对再大的悲伤,他不会为之所动。这就是瑜伽的真意——从痛苦和悲伤中解脱。"

那么,追求真我真的只是那些能够放下一切选择避世者才能够做到的吗?答案是否定的。其实,平凡生活中的我们,同样可以通过自己内心的修炼去得到平静,那就是把真、善、美作为磨炼心智的唯一标准,只要心中有着对真我的渴求,日常的生活也能够变成一种修行,我们不妨按照下面的几点要求去约束自己。

第一,不要有贪欲。如果不是自己的东西,那你一定不要产生贪念,更不要迷恋别人拥有的东西。是你的,终归是你的;不是你的,再怎么争,怎么抢也不可能是你的。

如果产生了贪念,除了加重你的精神压力,带给你无穷无尽的烦恼外,什么也得不到。智慧修炼到一定境界就不会产生这种贪念,那时你会从另一个角度来考虑,比如说,"那些东西不是从我的手中抢走的,我何必要把它抢回来呢?"

有一个僧人曾经说过:"拥有的越多,说明羁绊越多。"这句话虽然简单,却很有道理,它告诫我们,不要迷恋不属于自己的东西。

第二,承认人与人之间是存在差异的。有时候,对于一件事,其中的对错是谁也无法说清楚的。因此,我们既没有必要因为价值观不同而随意否定甚至诋毁他人,也没有必要接受别人的观点。每个人都有自己的想法和价值观,而每个人的想法和价值观也必定不尽相同。所以,千万不要强行去说服别人改变价值观。

如果永远不能承认这个世界存在不同的价值观,那么你将永远得不到真正的自由。

第三,不要被别人的目光左右自己的行为。当别人的目光左右不了你的行为时,你才真正地拥有自我。所以,对于别人投来的挑衅、不以为然甚至是蔑视的目光,你都不必耿耿于怀,更不用唯唯诺诺,应当无视这些外在因素,自由地行动、自由地生活。

第四,把我们的人生当成是一次旅行。我们的人生之路其实就是一段旅程,我们生活在这个世界上,其实就是在进行一次短暂的旅行。背起的行囊越重,肩膀就越酸,脚步也会渐渐地沉重。所以,想要更加轻松真切地寻找人生真谛,背上的包裹就不要太多,最好是能够都放下。

如果能够做到以上几点,那么即使生活在喧嚣的城市中,你依然是在进行着自己灵魂的修炼和寻求真我的旅途,古人所说的"大隐隐于市"也许就是这个道理。

　　终日奔波劳碌的我们不妨试着问一问自己,自己的辛勤努力究竟是为了什么? 是为了内心的真我,还是为了别人眼中虚华的光环? 如果这个问题我们心中有了答案,那么,我们的寻求真我之路也便有了答案。

魔力悄悄话

　　我们都清楚,荣华富贵易求,真正的人生智慧和内心的平静却并不容易得到。想要通过努力为自己的人生罩上层层光环容易,抛却一切做回真实的自我确实难上加难。这都需要一种看透人生看透万物的智慧。

让内心充满无限的光和热

　　我们真正需要的是自己会燃烧的人。这些人活力十足，不时散发出光和热，更能把这股能量传递给周围的人。

　　实现梦想是一项需要热情的事业，它需要我们投入所有的热情和信心。

　　我们可以很容易地观察得知，那些能够实现梦想的成功人士，往往都是那些做事情有信心有朝气，热情澎湃，在任何状况下都能轻易用自己的热情感染对方的人。可以说他们身上的这种特质决定了他们必将会实现自己的梦想，每一位渴望成功的朋友都要拥有这种热情，因为这种热情就像太阳的光和热，不仅可以感染对方，也可以感染自己，激励自己，从而在通往成功的道路上始终保持充分的自信和高昂的斗志，这对于成就我们梦想是必不可少的。

　　与其说成功取决于人的才能，不如说取决于人的热情。这个世界为那些真正具有热情和自信心的人大开绿灯，许多成功人士直到生命终结的时候，他们的热情依然不减当年。

　　无论出现什么困难，无论前途看起来多么坎坷，他们总是相信自己能够把心目中的梦想变为现实。热情的强大力量可以帮助我们战胜所有困难，它使你保持清醒，使你充满渴望，它不能容忍任何对于实现梦想这一过程的干扰。

　　为梦想而拼搏过的人都知道，只有那些信心百倍地认为自己能够将最大的热情投入到梦想事业中去的人，才能取得最后的成功，正是他们的热情成就了他们的辉煌。

　　实践统计证明，那些实现梦想的人，他们自身的热情对其事业的成功所起的作用占 90%，而其他诸如学历、人脉、资金等因素只占到 10%。俗话说的"初生牛犊不怕虎"其实就是在形容这种发自内心的奋斗热情。关于热情，我们必须相信：一个人如果充满热情地从事他自己无限热爱的工作的话，他就一定可以获得成功。

热情与渴望实现梦想的人的关系，就好比火车头与火车的关系。充满热情可以让我们精力充沛、效率超高。而热情来源于我们的生活：拥有自己喜欢的工作；在个人所处环境中，可以接触到其他热情和乐观的人士；不错的收入；对梦想前景的辉煌有着充分的信心，等等。热情是奋斗的灵魂，甚至就是奋斗本身。

一个人如果不能从每天的奋斗过程中找到乐趣，仅仅是因为生存才不得不从事工作，仅仅是为了生存才不得不完成职责，这样的人注定是不可能实现梦想的。

"每一天我都把工作当成自己的事业来做。在工作的时候我身上就会有一种热情在燃烧，这热情让我精力充沛，效率不错，也不觉得累。当然有时候我也会遇到一些不如意的事情，心里也会感到些许的不舒服。回去睡一觉，第二天太阳照样升起，又开始新的一天。"——乔布斯。

2011年10月6日，身患癌症的乔布斯去世，享年56岁，一个传奇就此落幕。这是一位改变了我们生活方式的梦想家，一位发明了给无数人带来快乐产品的创新者，一位敢于挑战现状的冒险家，也是一位带领企业走向辉煌的伟大CEO。

毫无疑问，乔布斯的传奇来自他的热情。生活中有许多人，他们对于自己的工作或者企业没有什么热情，虽然也在经济上取得了成功，但是距离辉煌始终差了那么一步。

那些真正富有热情的人则能够取得更大的成就。他们热衷于什么？不是产品本身，而是自己的产品在客户生活中的意义。他们关注的是，自己的产品或服务如何改善客户的生活，改善世界。

乔布斯最终能够如此成功并鼓舞人心，并不在于他创造出了伟大的电脑、手机和MP5播放器。而在于，乔布斯对消费者充满热情，也对消费者使用苹果产品改变世界的能力充满热情。

正是乔布斯这种忘我工作的热情，成就了今天的苹果公司。就连微软总裁比尔·盖茨也不止一次提到，在美国科技界，乔布斯的工作热情无人能及，正是他拯救了"苹果"。

历史上同样富有热情的伟大人物比比皆是，爱迪生就是一个很好的例子。这位几乎没有上过学的报童，后来却完全改变了世界。

爱迪生几乎每天都在他的实验室辛苦地工作 18 个小时以上，在里面吃饭睡觉，但他一点都不觉得辛苦。**爱迪生宣称，"我一生中从未停过一天工作，我每天都其乐无穷。"**正是这种无可比拟的热情，成就了那些伟人，也改变了我们的世界。

这就是热情带给我们的成功。千万不要把你的热情隐藏起来，因为一旦你习惯了隐藏，你就会变成一个了无生气的人。

一个死气沉沉的人绝对不会在工作中实现自己的辉煌梦想，顶多只是干好自己的本职工作，当然你也不会得到上司特别的器重，更不会实现你的梦想。

因此，渴望实现梦想的我们，一定要激发出自己全部的热情，充分发挥它们的光和热，激励自己向梦想前进。

IT 界著名的微软创始人比尔·盖茨有句名言："每天早晨醒来，一想到所从事的工作和所开发的技术将会给人类生活带来的巨大影响和变化，我就会无比兴奋和激动。"这句话非常贴切地体现了盖茨对于工作的热情。

在他看来，一个优秀的员工，最重要的素质是对工作的热情，而不是能力等其他素质，长期以来，他的这种理念已成为微软文化的核心精神。

热情，在很多时候是人们创新思维的原动力。有了热情就有了永不枯竭的动力，而热情也会令人们的内心发生改变，可以催生信心，而强大的自信心会帮助别人认识你的价值。

在实现梦想的过程中，充满热情能够帮助我们更快更好地向梦想前进，如果缺乏热情，斗志涣散，就可能一事无成。

魔力悄悄话

充满热情地开始奋斗，从现在就开始，对自己说"这一切我都能做到"。要让自己充满热情，而且持续拥有热情。这种热情可以感染到身边的每一个人，因为这种对于梦想的热情同时也是一种态度，是一种工作态度、生活态度，除了自己，没有人能阻止你释放热情，除了我们自己的热情，没什么可以成就我们的梦想，把握住了自己的热情，就等于把握住了自己的未来。

心怀良善,地狱也会变成天堂

"在那个世界确实既有地狱也有天堂。但是,两者并没有太大的差异,表面上是完全相同的两个地方,唯一不同的是那儿的人们的心。"

即使居住在相同的世界里,对他人是否热情、关心就决定那里是天堂还是地狱。

稻盛和夫先生曾经在书中引用过一个哲理故事,讲的是天堂与地狱的区别。

"地狱和天堂里各有一个相同的锅,锅里煮着鲜美的面条。但是,吃面条很辛苦,因为只能使用长度为一米的长筷子。住在地狱的人,大家争先恐后想先吃,抢着把筷子放到锅里夹面条。但筷子太长,面条不能送到嘴里去,最后抢夺他人夹的面条,你争我夺,面条四处飞溅,谁也吃不到自己跟前的面条。美味可口的面条就在眼前,然而每一个都因饥饿而衰。这就是地狱的光景。与此相反,在天堂,同样的条件下情况却大不相同。任何人一旦用自己的长筷夹住面条,就往锅对面人的嘴里送,'你先请',让对方先吃。这样,吃过的人说'谢谢,下面轮到你吃了'作为感谢和回赠,帮对方取面条。所以,天堂里的所有人都能从容吃到面条,每个人都心满意足。"

这个故事实质上就是在说,天堂与地狱的区别在于人与人之间相处的态度。你懂得如何和别人合作与相处,就可以生活得很愉快,不会和别人合作,只想着自己和自己想要的东西,就会生活得痛苦。天堂与地狱的天壤之别,仅在于做人的"一念"之差:因心态不同,就造成了极不相同的结果。

在现实生活中,每个人每天都面临天堂或地狱的生活:**当我们懂得付出、帮助、爱、分享,我们就生活在天堂里;若只为自己,自私自利,损人利己,实质就等于生活在地狱里。**地狱和天堂,其实就在自己的心里。现实生活中,为什么我们总是被烦恼困扰?为什么快乐如此短暂?为什么工作中总是不如意？为什么辛苦付出却没有得到应有的回报？其实这一切，很大程度上是因为我们不懂得付出。

在这样一个物质文明高度发达的社会，很多人都被各种物质利益所诱惑，在物欲横流的现实世界里迷失了自我，一心只想着如何得到，如何索取，人们希望得到的东西越来越多，涉及的范围也越来越广，时间久了，索取甚至成为一种习惯，一种生活态度。然而这种索取却常常是"单边行为"，从客观角度来讲，有索取必然要有付出，如果索取的人多而愿意付出的人少，那么索取者之间就会发生比较激烈的竞争，那些欲望强烈的人，可能会选择不择手段，这样的话，我们的社会就会失去平衡，人们的生活也会被打乱。而现实也在不断地告诉我们：过度索取必将受到严厉的惩罚。那么，我们为什么不学着去控制自己索取的欲望呢？

从本质上来说，付出是人的生存方式，因为付出了劳动，所以我们收获了可以维持生命的事物；因为付出了智慧，我们收获了灿烂的文化；因为付出了爱，我们收获了亲情、友情、爱情……生活就是这样，没有"免费的午餐"，只有我们真心付出了，才有机会去收获，所以，在日常生活中，我们一定要牢记：生活中不能只懂得索取，还应该懂得付出。要懂得很多时候我们所付出的往往要大于我们所收获的。人生不是商品的交易，更不是利益的交换。做自己该做的事情，做对社会有积极向上鼓励意义的事情，要学会关怀他人，不趋炎附势，不投机钻营，不唯利是图，不损人利己。这样我们才能拥有一个安定的生活环境，一个和谐的人际关系。从这个意义上讲，懂得了付出，也就懂得了生活，懂得了真正的人生。

虽然说索取是人类的权利，但我们一定要把握好这个度，要学会控制自己的选择。而且，每一次索取成功的同时，我们一定要搞清楚，自己所得到的、渴望的，有没有超出自己所付出的，我们不能一味沉迷于物质的占有和私欲的满足，否则的话，就难免产生更大的索取欲望，那将是很危险的。而从企业的角度来讲，作为企业，与客户的关系不是臣民与上帝的关系，而是平等互利的合作关系。客户不为供方着想，恶意拖欠货款，或者供方不为客户着想，工期拖延，质量低劣，都会造成两败俱伤，如地狱饿鬼般吃不上饭的糟糕结果。相反，如果客户付款及时，供方质量工期都得以保证，就会取得双赢的结果。

从企业内部来说，工序之间如果不讲协作精神，只为自己着想，往往会造成一损俱损的严重后果。现代企业是工序众多、联系紧密的大生产模式，

真诚力——季布一诺赛黄金

一个工序如果只为自己的产量产值着想,不顾生产的统筹安排,就会形成生产的"肠梗阻",从而影响到整个生产系统。企业的和谐生产,就在于形成畅通有序的生产流程,就在于有服从大局的整体观念,就在于互相支持、不为下道工序找麻烦的责任意识。

魔力悄悄话

地狱与天堂,原本就是一念之差,如果一心想着索取而不愿意去付出,那么其结果自然会像那个小故事中描述的那样,欲求不满,只能是自己默默承受众叛亲离的苦果,而热衷于付出的人却完全不同,就像谚语中说的那样:赠人玫瑰,手留余香。有时候付出是我们收获的前提,付出不但可以给我们带来回报,更会带来各种的快乐体验,让我们的生活更加受到身边人的欢迎。

找回遗失的美德

同情心或利他信念如果被遗忘,剩下的就只有一己私欲了。容忍和放任私欲的结果不就表现在现今的世态上吗?

从客观角度来说,传统有优劣之分,有的传统意识和习惯,确实不合时宜而需要改进,但传统美德是不能淡忘和随意丢弃的。相反,在新的历史时期,千百年来先人留给我们的传统美德,仍闪烁着道德的光芒,人性的光芒,需要我们捡拾和弘扬。

现代社会上,有多少人心灵污染,沉溺在物质欲望中,迷失自我;为了追求感官的享受,以攫取金钱为人生唯一的目标。而为了攫取金钱,可以不择手段,所以欺、诈、骗、偷窃、抢劫,以至于绑票勒索等事件充斥于社会之中。尤有甚者,有的人为了金钱,可以亲族反目,兄弟成仇,骨肉相残,以至于儿子杀害父母。这些事件虽然很少,但令人触目惊心。当然,如今已经有许多人意识到了传统美德丢失的危机,他们开始从自身做起,从影响身边的人做起,试图唤起人们对于传统美德的关注和信仰。

2010 年年关,发生在武汉市黄陂区孙家兄弟身上的故事极度悲伤又令人肃然起敬:在北京当包工头的哥哥孙水林为赶在年前把工钱发到农民工手上,返乡途中遭遇车祸一家五口身亡。

腊月二十六,孙水林担心大雪封路,不能在腊月二十九前赶回去给农民工发工钱,提前出发。弟弟孙东林担心自己万一年前赶不回去,还请哥哥把自己手下农民工的工钱先垫付了,不要拖到年后。没想到,7 个多小时后,孙水林在河南开封境内的高速公路遭遇车祸,车上一家五口全部遇难。第二天早上,孙东林打电话回家,发现哥哥仍未到家。预感不妙的他开车沿途查找,在河南兰考人民医院太平间发现了哥哥及家人的遗体。

孙东林告诉记者说:"哥哥、嫂子、侄女、侄子躺在太平间里,撬开撞得扭成一团的事故车后备厢,26 万元工钱还在。当时处理后事尚需时日,我想我们家这个年是过不成了，但不能让跟哥干了十几年的工友们也过不好年，让人家骂我们兄弟不地道。我决定先替哥哥完成遗愿，把钱在年前发下去。"

腊月二十九，两天未合眼、没吃饭的孙东林赶回黄陂家中，来不及休息，就让民工互相通知上门领钱。面对大家，他说："账目及账单现在都找不到了，这是本'良心账'，大家也凭着良心领钱，大家说多少钱，我们就给多少。""当时在孙家，一边是老人痛心哭泣，一边是让大家报账领钱。好多工友都说先办丧事，年后再说，可孙东林不同意，坚持让大家收下钱。"

当天晚上8点半工钱全部发完时，神色一直凝重的孙冬林轻吐了一口气说："真是如释重负。哥哥可以安心了，大家也都可以好好过个年了！不欠薪的承诺我们兄弟坚持了20年，还会做下去。"

"这是企业主社会责任感的体现，对社会就是一种希望。"武汉大学博士导周运清教授说，它体现的不仅是人的良知和道德，更体现了目前社会最需要的东西：诚信与责任。它就像一面明亮的镜子，让人们可以更加清楚地看到自己的不足，看到自己应该如何找回那些传统中的美德。

魔力悄悄话

我们的精神世界，主要由道德品质、文化素养和人生经验组成。一个拥有美德的人，无论处于什么样的时代，都能洁身自好；一个洞明世事的人，不论遭逢什么样的人生境遇，都能从容面对。

用单纯的心经营人生

上苍绝不会忽略真诚的努力和真正的决心。切勿选择捷径,因为它并不一定把我们带到目的地。相信这点,准没错!

不知道从什么时候开始,"单纯"变成了一个贬义词,甚至成了讽刺别人不懂人情世故头脑简单的代名词,而老实、诚实等词汇也渐渐地变了味道,这些曾经给我们带来光荣和赞扬的词汇,慢慢地居然让越来越多的人敬而远之,这不能不说是一种悲哀。

越来越多的人开始认同这种浮夸的风气,那种踏实努力奋斗的精神越来越远。殊不知人生是没有捷径的,即便是一时之间可以耍点小聪明,但是终究会付出代价。

一只毛毛虫,它若想插上翅膀飞翔,就一定要经过蜕变的过程。而无数研究结果告诉我们一个共同的结论:这个蜕变是极其痛苦的。

有人曾帮助幼虫把蛹剪开,而出来的幼虫只能拖着翅膀在地上跑。据说埃及的金字塔顶上只有两种动物去过的痕迹:一种是雄鹰,另一种是蜗牛。雄鹰在无数次试飞后依靠自己强劲的翅膀飞了上去;蜗牛也很努力,它一步一个脚印地向上爬,得到了与雄鹰一样辉煌的成就。若要取得成功,就一定要接受苦难的洗礼,只有它会使你破茧成蝶。若要走歪门邪道的话,你得到的结果不会更好,因为上天是公平的,他从来都只垂青自强者,而不是自欺欺人者。

人生也是如此,付出与回报永远都是成正比的,不想付出而妄图得到回报,只能是痴人说梦。

许多人在人生的历程中,不断寻找各种各样的捷径,但结果往往是徒劳的,甚至反而需要付出更多才能达到目的。

试想一下,如果做任何事情都是按部就班,稳扎稳打,虽然实现某些东西的过程会更长,却是一条直来直去的道路,没有弯路;相反,若做什么事都一味地寻找捷径,欲速则不达,反倒很容易走更多的弯路。一些人为了满足浮躁心态,满足渴望着以最小的投入或者根本就没有投入而获得最大的回报的急功近利的投机心理,大肆宣传一些所谓的谋略,甚至以"厚黑"命名,即脸皮要厚,心要黑。

似乎只有人们个个都变成了黑心肝、厚脸皮,才是走向人生和事业成功的捷径。事实果真如此吗?

我们所说的"捷径",在字典中的解释是"近便的小路,喻不循正轨,贪便图快的做法,喻速成的方法或手段"。

在日常工作中,确实可以通过灵活的变通找到捷径令工作更加轻松,可是对于人生来说,无论是在生活、学习、事业,或是爱情上,人生能有多少真正的捷径可走?越去主动寻找捷径,越会事倍功半,也许"物极必反"就是这个道理。

我们不否认"捷径"的存在,但是真正能事半功倍的捷径是由诸多主观、客观因素组成的,缺一不可,甚至可以说天时、地利、人和才能促成一条捷径的诞生,而且带来的往往都是短期的利益,所以遇到难题的时候,我们可以考虑去寻找捷径,寻找更快的解决方法,但是对于我们的人生而言,还是要踏踏实实一步一步地走下去。

如果你的花园中长满了杂草,那么解决这个问题的办法有两种:容易的方法和稍复杂的方法。

容易的方法就是去找来一台割草机,不一会儿院子看起来就很不错了,但那只是暂时的解决方案;你也可以选择复杂的方法,那就是要弯腰屈膝,将杂草连根拔除,这是费力而痛苦的,但这样的话,杂草在很长时间内不会再长出来。

第一种解决方法看起来容易,但并没有解决实际问题;第二种方法不那么容易,但从根本上解决了问题,关键在于它触及了问题的本质。

这个道理在我们对待生活的态度中一样存在。一些人总是希望用最快捷的方法去解决问题,总是想得到获取捷径的答案,正如喝速溶咖啡一样,人们喜欢追求瞬时的快乐。然而这里没有快速的解决法,这样的态度只会令人失望。而且因为触及不到问题的本质,往往会适得其反,反而增加更多的麻烦。这种企图寻找快捷方法的态度其实是一种不够真诚的态度,对于生活、对于人生的不真诚。

　　人与人之间缺乏真诚,就不会得到真挚的感情,同样,对待生活如果没有一个真诚的态度,那么一定不会得到生活慷慨的回馈。

　　如今的社会越来越复杂,人心也越来越复杂,看起来似乎这个世界丰富了许多,我们的选择也多了很多,但是在这个过程中,我们却丢失了最重要的一些东西,那就是真诚、单纯,仍然固守这些品质的人,即使有时候会遭到别人的嘲笑,但是那些嘲笑者,终将得到生活的报复,他们终究会明白。

魔力悄悄话

　　只有真诚才能换来真诚,只有单纯的人生才能真正获得快乐和幸福,捷径仿佛是一剂兴奋剂,只能让你风光一时,该付出的,迟早都要付出,这就是生活,这就是人生。

第五章
老实人也有好机遇

渴望成功的人，都渴望着难得的机会，但机会之于人，往往只是短暂的一瞬，稍纵即逝。生活中的老实人，能否抓住机会，关键就在于那一瞬间的抉择。你千万不要放过机会，因为在人的一生中没有太多的机会。看准时机，当机立断，是想获得成功的老实人必须具有的素质和能力。每个人所遇到的机遇，看起来都是从天而降，实际上都与他默默的努力与付出有直接的关系。如果说机遇决定了命运，那么我们的准备和努力就影响了机遇的发生。幸运之神想降落到谁头上，都得归功于他之前所做的积累和准备。

真诚做人不等于错失良机

渴望成功的人,都渴望着难得的机会,但机会之于人,却往往只是短暂的一瞬,稍纵即逝。能否抓住机会,关键就在于那一瞬间的抉择。

面对难得的机遇,很多人会手足无措,不知道如何是好,老实人更是如此。他们总是会在犹豫和思考的时候让机遇白白溜掉。很多人都知道"叶公好龙"的故事,一旦等到真正的"龙"出现了,自己反而紧张、恐惧。

机会对每个人都是均等的,为什么有的老实人没有得到? 关键在于老实人做事太本分,缺少敏感,没有抓住机会的才能,没有看到成功和机遇的真谛。

每个人的成功都取决于某个关键时刻。这个时刻一旦犹豫不决或畏缩不前,机遇就会失去而且再也不会出现。正如阿瑟·戈森曾一针见血地指出:"有多少生活中的不幸和坏运气,只不过是没有看准时机。"

英国社会改革家乔治·罗斯金说:"从根本上说,人生的整个青年阶段,是个人个性成型、沉思默想和希望受到指引的阶段。青年阶段无时无刻不受到命运的摆布——某个时刻一旦过去,指定的工作就永远无法完成,或者说如果没有趁热打铁,某种任务也许永远都无法完工。"

拿破仑曾说,之所以能打败奥地利军队是因为奥地利人不懂得"五分钟"的价值。拿破仑知道,每场战役都有"关键时刻",所以,他非常重视"黄金时间",他认为这一关键时刻意味着战争的胜利,稍有犹豫就会导致灾难性的结局。

在心情愉快或热情高涨时可以完成的工作,被推迟几天或几个星期后,就会变成苦不堪言的负担。所以,与其费尽心思地把今天可以完成的任务千方百计地拖到明天,还不如用这些精力把工作做完。任务拖得越后就越难以完成,做事就越是勉强。例如,在收到信时没有马上回复,以后再拣起来回信就不那么容易了。许多大公司都有这样的制度:所有信件都必须当天回复。

真诚力——季布一诺赛黄金

看准时机,当机立断,可以避免做事情的乏味和无趣。拖延意味着逃避,结果往往就是不了了之。做事情就像春天播种一样,如果没有在适当的季节行动,以后就没有合适的时机了。无论夏天有多长,也无法使春天被耽搁的事情得以完成。

爱尔兰女作家玛丽·埃及奇沃斯说:"没有任何时刻像现在这样重要,不仅如此,没有现在这一刻,任何时间都不会存在。如果一个人没有趁着热情高昂的时候果断行动。以后他很可能就再也不能实现这些愿望了。所有的希望都会淹没在日常生活的琐碎忙碌中,或者会在懒散消沉中流逝。"

魔力悄悄话

渴望成功的人,都渴望着难得的机会,但机会对于人,往往只是短暂的一瞬,稍纵即逝。生活中的老实人,能否抓住机会,关键就在于那一瞬间的抉择。你千万不要放过机会,因为在人的一生中没有太多的机会。看准时机,当机立断,是想要成功的老实人必须具有的素质和能力。

真诚对待才有机会成功

每个人所遇到的机遇,看起来像从天而降,实际上都与他默默的努力有直接关系。如果说机遇决定了命运,那么我们的准备和努力就是抓住机遇的必要条件。

机遇是什么? 它是一个努力了就会感觉到存在,不努力就看不见的东西。它就像电影里的神秘人物,不到最后关头是不会轻易登场的。所以,一旦出现了就要珍惜,否则很可能这第一次就是最后一次。

寻找机会,创造机会的过程就像爬山,容不得你有睡觉的工夫。因为你稍一放松就可能被别人赶超。机遇不是私有物品而是上进者争相抢占的对象。你的错过就可能成全了别人,而陷自己于被动。生活中的老实人不就经常经历这样的事情吗?

困难之所以显得可怕,是因为在很多时候老实人把它夸张了,是心理作用让它变得不可逾越,所以在还没有正式和它交锋之前,就已经在精神上输给了它。 其实,不管你面临的是怎样的妖魔鬼怪,千沟万壑的坎坷之路,你都要相信。假如有不可能战胜的,那就是你自己。越是痛苦难熬的时刻,越不能放弃寻找一线生机的机会。

再试想一下,在漆黑的山洞里,伸手不见五指,恐惧随之而来,而安抚这种恐惧的不是自己孱弱的内心而是几只小小的萤火虫,它们的光虽然微弱却异常耀眼。在这样的瞬间,似乎抓住了它们就抓住了战胜黑暗的希望,内心自然就产生了捕捉它们的念头。这些萤火虫就好比分散在我们生命中的机遇一样可贵。

我们把机遇比作黑暗里的萤火虫,捕捉它也是需要技巧的,这也正是老实人所缺乏的。虽然机遇在哪里,何时来,怎么来都是无从知晓,但至少我们可以努力去练习。做好在它出现之前该做的准备,比如捕捉方式、工具和姿势。只有掌握了应该掌握的东西,才能在机遇来临时抓住它。

首先,培养一种平和的心态。 不管机遇隐藏在哪里,也不管它最终是否会出现,我们的努力都不会发生改变,我们未来的成功也不会因此化为泡影。机遇与成功之间的联系是偶然的,更多的成功是靠实实在在的努力和付出换来的。所以无论前路是刮风下雨还是艳阳高照都没有必要去在意。用一颗平和的心去对待可能出现的一切就可以了。

其次,拿出足够的信心与勇气。在机遇没有到来的时候,我们要有足够的信心相信未来的美好并为之不懈努力;当机遇到来的一刻,我们也应该有足够的勇气去面对、去争取。只有这样,前面一切的努力才不会白费。

如果说发展是人生的阶梯,那么机遇就是促你跨越阶梯的跳跃力。如果你的人生总在一个台阶上停滞不前,或者好几年才上了一级,那么不能不让人怀疑,你已经提前老龄化了,即使你只有20几岁的年龄。如果你充分合理地利用自己的跳跃力,三步并作两步,没有几下就登上了最高的台阶,那么剩下的时间就好好享受人生的风景吧。这就好比站在天台上,星空之下眺望远处的霓虹灯一样美丽。

魔力悄悄话

每个人所遇到的机遇,看起来都是从天而降,实际上都与他默默的努力与付出有直接的关系。如果说机遇决定了命运,那么我们的准备和努力就影响了机遇的发生。幸运之神想降落到谁头上,都得归功于他之前所做的积累和准备。老实人,一定要明白这样的道理,机遇不是来自别人而是来自自己的努力。

实实在在也会遇到好机遇

在人生的道路上,谁都想一路坦途。如果老实人想成大事,改变自己的生存境况,就必须研究你自己的需要,做个有心人。

老实人想成大事,就必须研究自己的需要,你会发现千百万人也有同样的需要。

那些失意的人,那些遭贬斥的人,可能认为机会永远失去了,自己永远也站不起来了,要是他们知道反向思维的力量,也许他们会重新开始。

我们的生活中,多少老实人只要他们再付出一点努力,再耐心一点,就会取得成功,而在这紧要关头他们却放弃了。所以,不要等待千载难逢的机会而应抓住平凡的机会使之不平凡,做一个有心人。

机会到处都有,就看你有没有用心去找。自然界的力量愿为人类服务。例如,千百年来,闪电一直想引起人类对电的注意,电可以替我们完成那些枯燥乏味的工作,从而使我们抽出身来开发内在的潜力。潜在的能力到处都有,就看谁是那个有心人。

首先,观察世人有何需求,然后去满足这一需求。

美国洛杉矶的一个小镇有一位善于观察的理发师,他觉得理发的剪刀有待改进,便发明了理发推子,由此发了大财;有一位先生受尽牙痛之苦,心想应该有一种方法把龋洞塞上止痛,便发明了黄金塞牙法;缅因州有位男子不得不帮助卧病在床的妻子洗衣服,他感到传统的洗衣方法既耗费时间,又消耗体力,便发明了洗衣机,这样他也成了富翁。

其次,只要你是一个善于观察的人,就能抓住身边的机会。一个善于观察的人发现自己的鞋跟被拉了出来,因为买不起一双新鞋,便思忖:"我要做个可以镶到皮革里的带钩的金属圈。"当时他穷困潦倒,连割草都要向别人借镰刀,而就靠这项小发明他成了富翁。

　　此外,成就大业或有重大发明创造的人并不都是有钱的人。例如,美国第一艘汽船是由费奇在费城一座教堂的祭具室组装起来的;麦考密克在小磨房里研制出著名的收割机;位于马萨诸塞州沃塞斯特的克拉克大学创办者克拉克靠在马厩里制作玩具马车开始发财;爱迪生早在做报童时,就已藏在行李车厢内开始了他的实验。

　　法拉第是铁匠的儿子,却被世人称为伟大的自然科学家,成为那个时代的科学奇人。年轻时的法拉第写信给汉佛里·戴维,申请在英国皇家学会谋职。

　　戴维就此咨询了一位朋友:"这有一封名叫法拉第的年轻人来的信,他一直在听我的课,想让我为他在皇家研究院找个工作,我该怎么办?""怎么办?""让他去刷瓶子,他要是能有出息,就会立即去干;他要是不会有出息,就会拒绝。"

　　法拉第没有拒绝,而是在工作中利用抽出来的时间在药房的顶楼内用旧坩埚和玻璃瓶做实验。由此看来,刷瓶子的工作也有机会,而正是这样的机会使他终于成为皇家学会教授。廷德尔谈起这位年轻人时说:"他是人类历史上最伟大的实验哲学家。"

　　米开朗琪罗是文艺复兴时期的大艺术家。有一次,他在佛罗伦萨街边的垃圾堆里捡到一块被人扔掉的克拉拉大理石,是被一个不熟练的工人在切割过程中损坏的。

　　无疑也有其他艺术家注意到了这块品质优良的大理石,但因其被损坏,除了叹息之外,没有想到其他的用途。只有米开朗琪罗看到这块废弃的大理石中的天使,用凿子和锤子创作出人类历史上一件最优秀的雕像——《年轻的大卫》。

　　帕特里克·亨利年轻时被人视为懒惰的废物,务农、经商一事无成。他学习了6个星期的法律便挂出营业招牌,在打赢第一场官司后,他终于觉得自己即使在家乡弗吉尼亚也能获得成功。英国当局通过印花税条例后,亨利被选入弗吉尼亚州议会,提出了反对这一不公平征税的法案。他终于成为美国最出色的演说家。

　　当然,不可能人人都像这些伟大人物一样有伟大的成就和发现,但我们可以抓住平凡的机会并使之不平凡,进而使我们的人生变得更壮丽。另外,寻找机会并不是漫无目的,那样只会浪费自己的光阴,到最后一事无成。

有人虚度人生,从来看不到成就一番大事业的机会,而有人却站在旁边,在同样的条件下发掘机会,取得辉煌的成绩。许多人一心想找到檀香木用来雕刻,因此错过了许多宝贵的机会,实际上,用烧火的普通木材也可以创作出杰作。

魔力悄悄话

在人生的道路上,谁都想走上成功的坦途。如果一个老实人想成大事,改变自己的生存境况,就必须研究自己和自己的需要,做个有心人。不要等待千载难逢的机会,要用点"心"去抓住平凡的机会使之不平凡。成功与失败只有一线之隔,甚至我们常常就站在这条界线上,只是自己浑然不知罢了。

老实人也要灵活一些

不管是智者还是老实人，是强者还是弱考，想离下一个成功更近一点都必须坚持或学会领先于人而不是跟在别人后面亦步亦趋，都必须不断地培养自己灵活的思维方式。

纵观古今中外，凡成大事者所以能够获得命运的青睐，是因为他们都能牢牢抓住机遇。他们从不坐等机会出现而自己无所事事，他们会主动创造机会，机会也便随之而来。机遇只偏爱那些有充分准备的人。

人们常说，人不怕没本事就怕没机会。但是，关键在于机会到来之前，你是否已做好了迎接机遇的准备。听过这样一种说法，形容一个人很笨的时候，就和那个人说："你知道狗熊是怎么死的吗？"

"怎么死的？"

"笨死的！"

这是伤人自尊的批评，不过也从另一个侧面反映出每个人对聪明的喜爱。一个有灵活思路，善于变通和算计的人无疑是个聪明的人。这样的人与机遇之间的关系非常密切，他们总是可以不期而遇。

俗话说得好："吃不穷，穿不穷，算计不好一辈子受穷。"认真地生活，不是要求人墨守成规；执着不是让人变得固执。倘若你是一名船长，当发现方向不对的时候就要调转船头，不然迟早遇到暗礁；当方向很对的时候也要观察当时的风向和天气决定行驶的速度。此路不通彼路通，这是灵活的算计；撞上南墙还不回头，这是反应迟钝。

在老实人的人生道路上，似乎总是缺少一点发展的机遇，但是认真分析原因他们就能发现，自己做事不够灵活，思维不够敏捷，这才是没有机遇的根本原因。

一成不变的东西迟早是死的。而机会只会在最适当的时候，在最合适的人身上出现，所以想成功就要拥有灵活的思维方式和积极的处世态度。在竞争日益激烈的社会环境下，最先改变自己的人最聪明，后来改变自己的人还可以,而从来不改变自己的人是最可怜的。最先改变自己的人是距离机遇最近的人,他们往往总是先人一步找到成功的秘诀;后来改变的人,是懂得变化的人,因为先机被占而只能屈居跟随者,而跟随者收获的只能是成功的一半;从不知道改变自己的人,一直在坚守自己认为对的旧观念,殊不知,很多东西一味地守着,好的也会变成坏的,失去原来的价值,这样的人不能说他是错的,但他确实是"老实人"。

我们这里说的改变,只是意识领域上思路的扩展和变化,不包括物质变化。但正是因为有了意识变化,才能带动物质变化。这就是意识对物质的反作用。不断产生新主意、新想法,才能离成功越来越近。弱者缺的东西可能很多,最缺的就是灵活。第一个吃螃蟹的人是勇者,第二个是跟随者……第 N 个就只能是平凡人了。

魔力悄悄话

不管是智者还是老实人,是强者还是弱者,想离下一个成功更近一点,都必须坚持或学会领先于人而不是跟在别人后面亦步亦趋,都必须不断培养自己灵活的思维方式。因为机遇常在灵活中闪现。只有及时地调整自己,才能在日益变化的社会潮流中抓住机遇,抓到自己想要的东西。

老实人的坚持

机遇往往是稀缺的、条件苛刻的社会资源,如果机遇可被每个人轻而易举地得到,那么这种机遇便没有多少价值了。

老实人经常会发现,同样的学历、同样的背景、同样的起跑线上,最后成功达到目的地的人却是别人。我们套用托尔斯泰的一句话,就是成功各有各的不同,而失败都有共同的特点,就是因为他们的耐力不够,没有全力以赴坚持到最后。要成功就要坚持。

事实上,机遇也是如此。机遇往往是一种稀缺的、条件苛刻的社会资源,如果机遇可被每个人轻而易举地得到,那么这种机遇便显得没有多少价值了。所以,要得到机遇,必须要付出相当的代价,必须具备相应的足以胜任的资格,而这一切都离不开长期艰苦的准备。而轻易放弃努力,成功也就会轻易地放弃你。

有不少老实人对万分之一机会不屑一顾。他们的理由是:希望渺小几乎等同没有,实现的可能性不大。去追求只有万分之一的机会,倒不如买一张彩票碰碰运气,只有傻瓜才会相信万分之一的机会。但是正是这看似渺茫的万分之一的机会往往能决定你做事的成败,抓住它你就等于创造了自己新的人生。

每个人的心里都有一把尺子,来衡量事情的可行性和价值大小。当面对可行性低的事情时,很多人都选择放弃或者任其发展,似乎失去这些自己也没有什么损失。相反的情况下就慎之又慎,殚精竭虑。与其这时紧张筹划费心费力,不如一直认真和努力。凡是机会都应该去争取,一个看似很小的机会,却可能隐藏很大的转机。这不是光从表面可以估计出来的。

汤姆·邓普西出生的时候,只有半只左脚和一只畸形的右手,而他却从未为此感到不安,因为他可以做到任何健全人能做到的事。他热爱橄榄球,但是教练婉转地告诉他"不具备做职业橄榄球员的条件",让他加入职业赛几乎是不可能的,但是他并没有放弃请求教练再给他一次机会。在一次友谊赛中,他踢出了 55 码的距离使得他有幸参加了一场职业赛。而离比赛还有十几秒钟的时候教练才叫他进场踢球。这时他必须踢出比 55 码更远的成绩才有获胜的可能。而这一切对于一个半只左脚,一只畸形手的球员来说几乎是不可能的。

机会的把握可以决定你是否有所建树,抓住每一个可能成功的机会,哪怕那只有万分之一。汤姆·邓普西把握住了,所以他成功了。在创造了纪录之后他说:"我从不认为,我有什么不能做。"

不怕吃亏、坚持不懈的"老实人"是真正的聪明人。重视那万分之一的机会的人才可能成就百分之百的成功。用万分之一换百分之百,这是最优秀的数学家也无法换算的人生题目,但可以用你认真的态度、不懈的努力演绎。

总而言之,平庸者依照可能性的大小来把握自己付出的多少,成功者却用百分之百的努力面对万分之一的可能。现在我们可以去回答上文开头的问题了:老实人在任何情况下,都不要丢掉哪怕只有万分之一的机会。

魔力悄悄话

如果今后有人说重视万分之一的机会是傻子的行为,成功的概率比中彩票还要渺茫所以不愿去做,那你可以毫不犹豫地告诉他,他才是真正的傻子。中奖需要完全不受自己影响的运气,而这万分之一的可能,却是自己可为之努力的。

抓机遇，对自己狠一点

机不可失，时不再来。机会对于任何人都是均等的，差异只在于"狠"与"不狠"。谁"狠"，谁就能先得益，不够狠，你就会两手空空。

随着社会的发展，我们已经告别了计划经济，市场经济正在蓬勃发展中。但长期以来形成的计划经济模式和官商经营作风，仍像紧箍咒一样纠缠着许多经营者，致使许多企业人员缺乏灵敏的市场触觉，不能把握变幻莫测的市场动态，决策时犹豫不决，不敢"狠"，还要左请示，右汇报，即使决策之后又办事拖拉，不能"狠"；也有一些企业家目光短浅，不肯吃眼前的小亏，这样只会坐失良机。

人们明白，时光不会倒流。时间就是生命，就是财富，在激烈的市场竞争中，已成为老生常谈，但这是铁的原则。

《韩非子》一书中，有一则"郑人卖豕"的故事，就是描写郑国一个商人由于不懂抢时间做生意的道理，把一桩好买卖做砸的经过。它从反面论证了"商贵神速"的道理，同时也说明缓慢拖沓的严重危害。所以，无论是在什么领域，遇到机遇就要下"狠手"。也可以说，这位"郑人"就是不懂机遇的老实人。

很久以前，一位郑人前去离家较远的集镇上卖猪。当他走到时，已是红日西坠，暮色苍茫了。

恰好有一个收购毛猪的商贩见到他赶着一群猪从街头走到客店门前，心想买猪的生意来了，如能马上成交这笔生意，明日就能赶回家中，还误不了拿到早市去贩卖。

猪贩子急忙找到卖猪人洽谈。哪料想卖猪人见有人来买猪，却十分生气地嚷起来："你这伙计好不懂事，我从很远的地方来这里，天又这么晚了，哪里有工夫和你说话呢？"说着，狠狠地瞪了猪贩子一眼。

猪贩子再三央求卖猪人："生意人的目的是为了成交买卖，哪里还分天色早晚?"但郑人仍毫不理会这一套,气呼呼地把猪赶进了客店。结果,一桩到手的买卖硬是让郑人给放弃了,并且还为猪进店花费了很多的店钱和饲料。

有丰富实践经验的生意人绝不会这样愚蠢,他们把争取时间作为在竞争中取胜的一大法宝。

故事中那位猪贩子似乎很懂得快购快销的"狠"劲可以尽早生利的道理。他早一点买进,就可以赶早市,等于争取了一天时间。拖延一天时间,就会多占压一天资金。但郑人时间观念淡漠,不了解时间在经商中的重要作用,更不懂用时间去竞争。

很多老实人在看到别人事业发达的时候,常为自己的不景气而喟叹:"他的运气比我好。"事实上,问题不在于运气,而在于他缺乏灵敏攫取的意识,贻误了时机,以致抱憾终生。正如在商场上,机遇对任何人都一视同仁,而人对时机的利用则不尽相同。有人优柔寡断,坐失良机;有人视而不见,无动于衷;有人见之不放,机遇独得;有人伺机奋起,一鸣惊人。关键还在于如何捕捉时机,能不能利用时机,够不够"狠"。

魔力悄悄话

机遇是乔装的财神,它会迎面而来,也会擦肩而过。要觉察它,必须培养敏锐的洞察力,具备了这种能力,才能准确地抓住机会。

机遇的到来常常是朦胧而模糊的,唯有目光敏锐的人,才能透过现象看到本质,抓住拓展事业的绝好机会。也正是因为机遇不易判断和把握,也才给精于此道的人带来大发利市的机会。如果人人都看得出,拿得准,那价值就不大了。所以,认准了,就千万不要放过。不能优柔寡断而错失良机。

老实人更要提高警惕

机会常常有,结伴而来的风险其实并不可怕,就看你有没有勇气去逮住机会。敢冒风险的人才有最大的机会赢得成功。

机遇对任何人都是公平的,关键要看你是否是有心人。那些成大事者自然是捕捉机遇、创造机遇的高手,惯于在风险中猎获机遇。

大凡成大事者无不慧眼辨机。他们在机会中看到风险,更在风险中逮住机遇。敢冒风险的人才有最大的机会赢得成功。机会在那些随遇而安的老实人在面前出现时。他也可能把握不住。

如台风带来海啸一般,机遇常与风险并肩而来。老实人看见风险便退避三舍,再好的机遇在他眼中都失去了魅力。老实人往往在机会来临之时踌躇不前,瞻前顾后,最终什么事也干不成。

我们虽然不赞成赌徒式的冒险,但任何机会都有一定的风险,如果因为怕风险就连机会也不要了,无异于因噎废食,"爷爷倒脏水,连孩子一块倒掉了"。

美国金融大亨摩根就是善于在风险中抓住机遇的人。

摩根生于美国康涅狄格州哈特福的一个富商家庭。摩根家族是从英格兰迁往美洲大陆的。最初,摩根的祖父约瑟夫·摩根开了一家小咖啡馆,积累了一定资金后,又开了一家大旅馆,既炒股票,又参与保险业,可以说他是靠胆识发家的。

但是有一次,纽约发生大火,损失惨重。保险投资者惊慌失措,纷纷要求放弃自己的股份以求不再负担火灾保险费。约瑟夫横下心买下了全部股份,然后,他把投保手续费大大提高。他还清了纽约大火赔偿金,信誉倍增。尽管他增加了投保手续费,投保者还是纷至沓来。这次火灾,反使约瑟夫净赚15万美金。就是这些钱,奠定了摩根家族的基业。

摩根的父亲吉诺斯·S·摩根则以开菜店起家,后来他与银行家皮鲍狄合伙,专门经营债券和股票生意。

生活在传统商人家族,受着家庭氛围与商业熏陶,摩根年轻时便敢想敢做,颇富商业冒险和投机精神。后来,摩根从德国哥廷根大学毕业,进入邓肯商行工作。

一次,他去古巴哈瓦那为商行采购鱼虾等海鲜归来,途经新奥尔良码头时,他下船在码头一带兜风,突然有一位陌生白人从后面拍了拍他的肩膀:"先生,想买咖啡吗? 我可以卖半价。"

"半价? 什么咖啡?"摩根疑惑地盯着陌生人。

陌生人马上自我介绍说:"我是一艘巴西货船船长,为一位美国商人运来一船咖啡,可是货到了那位美国商人已破产了。这船咖啡只好在此抛锚。先生,您如果买下,等于帮我一个大忙,我情愿半价出售。但有一条,必须现金交易。先生,我是看您像个生意人才找您谈的。"

摩根跟着巴西船长一道看了看咖啡,成色不错。想到价钱如此便宜,摩根便决定以邓肯商行的名义买下这船咖啡。然后,他兴致勃勃地给邓肯发出电报,可邓肯的回电是:"不准擅用公司名义! 立即撤销交易!"

摩根勃然大怒。不过他又觉得自己太冒险了,邓肯商行毕竟不是他摩根家的。自此摩根便产生了一种强烈的愿望,那就是开自己的公司,做自己想做的生意。

摩根无奈之下,只好求助在伦敦的父亲。吉诺斯回电同意他用自己伦敦公司的户头偿还挪用邓肯商行的欠款。摩根大为振奋,索性放手大干一番,在巴西船长的引荐下,他又买下了其他船上的咖啡。

摩根初出茅庐,做下如此一桩大买卖,不能说不是冒险。但上帝偏偏对他情有独钟,就在他买下这批咖啡不久,巴西便出现了严寒天气,使咖啡大为减产,价格暴涨,摩根便顺风顺水地大赚了一笔。

从咖啡交易中,吉诺斯认识到自己的儿子是个人才,便出资金为儿子办了摩根商行,供他施展经商的才能。摩根商行设在华尔街纽约证券交易所对面的一幢建筑里,这个位置对摩根后来叱咤华尔街乃至左右世界风云起了非常大的作用。

这时美国南北战争正打得不可开交。林肯总统颁布了"第一号命令",实行全军总动员,下令陆海军对南方展开全面进攻。

有一天,克查姆——一位华尔街投资经纪人的儿子,摩根新结识的朋友,来与摩根闲聊。

"我父亲最近在华盛顿打听到,北军伤亡十分惨重。"克查姆神秘地告诉他的新朋友,"如果有人大量买进黄金,汇到伦敦去,肯定能大赚一笔。"

对经商极其敏感的摩根立时心动,提出与克查姆合伙做这笔生意。克查姆自然跃跃欲试,他把自己的计划告诉摩根:"我们先同皮鲍狄先生打个招呼,由他的公司和你的商行共同付款的方式,购买四五百万美元的黄金,当然要秘密进行;然后,将买到的黄金一半汇到伦敦,交给皮鲍狄,剩下一半我们留着。一旦皮鲍狄黄金汇款之事泄露出去,而政府军又战败时,黄金价格肯定会暴涨;到那时,我们就堂而皇之地抛售手中的黄金,肯定会大赚一笔!"摩根迅速估算了这笔生意的风险,爽快地答应了克查姆。一切按计划行事。如他们所料,秘密收购黄金的事因汇兑大宗款项走漏了风声,社会上流传着大亨皮鲍狄购置大笔黄金的消息,"黄金非涨价不可"的舆论四处流行。

于是,很快形成了争购黄金的风潮。由于这么一抢购,金价飞涨,摩根一瞅火候已到,迅速抛售了手中所有的黄金,趁混乱之机狠赚了一笔。

这时的摩根虽然年仅26岁,但他那闪烁着蓝色光芒的大眼晴,看去令人觉得深不可测;再搭配上短粗的浓眉、胡须。会让人感觉他是一个深思熟虑、老谋深算的人。

此后的一百多年间,摩根家族的后代都秉承了先祖的遗传,不断地冒险、投机、暴敛财富,终于打造了一个实力强大的摩根帝国。

机会稍纵即逝,犹如白驹过隙。当机会来临,善于发现并立即抓住它,要比貌似谨慎的犹豫好得多,犹豫的结果只能错过机遇,果断出击是改变命运的最好办法。

魔力悄悄话

机会常常有,就看你有没有勇气去逮住机遇。敢冒风险的人才有最大的机会赢得成功。古往今来,没有任何一个成大事者会不经过风险的考验。老实人要改变自己的生存现状,就要从错误中寻找正确的道路,不要再犹豫不决,胆小怕事,而让别人占尽先机。

处处留心的老实人

机会可能会以多种方式降临你面前，只要你处处留心，处处就皆是机会。老实人，不要抱怨上天不给自己机会，要捕捉机会，你就得培养平时留心身边事的习惯。

成功人之所以能每每抓住成功的机遇，就是独具慧眼。只有当机遇来临的时候，能迅速做出反应，才能把机遇牢牢地抓在自己手中。但是，老实人缺少这样一双发现机遇的慧眼。

其实，捕捉机遇一定要处处留心，只要你仔细留心身边的小事，小事当中就可能蕴藏着机会。在现实生活中，成功的人绝不会放过每一件小事。他们对什么事情都极其敏感，能够从平凡的生活事件中发现成功的机遇。许多成功人士，就是留心身边事，才有机会获得事业上的成功的。

有一次，日本索尼公司名誉董事长井琛大到理发店理发，他一边理发一边看电视，由于他躺在理发椅上，所以他看到的电视图像只能是反的。就在这时，井琛大灵机一动。心想："如果能制造出反画面的电视机。那么躺着也能从镜子里看到正常画面的电视节目。"他回到索尼公司，立即组织力量研制和生产了反画面的电视机，投放到市场上销售。果然这种电视机受到了医院、理发店等许多特殊用户的欢迎，取得了成功。

这件事例给我们的启示就是，只要你处处留心，注意观察身边的东西，即使再平常的事情也可能有机会，功夫不负有心人。

意大利人都非常喜欢足球，他们对足球的狂热在一定程度上影响了餐饮业。每到国内足球联赛，特别是像世界杯这样的足球大赛。成千上万的球迷都闭门不出，端坐在电视机前观看足球赛。所以，每到这个时候，餐饮业主都为生意萧条而一筹莫展。

真诚力——季布一诺赛黄金

然而，有一个餐馆的生意却异常火爆。他的招数很简单，就是在自己的餐馆的每个角落，包括走廊、卫生间都安装上了电视机，以保证每位前来的客人在任何一个角落都能够看到球赛。说穿了，这位老板的成功，完全得益于他是一位生活当中的细心人。由于细心，他发现了意大利人在有球赛时不愿意到餐馆来，于是，他在餐馆各处都装了电视机。这招果然有效，使他取得了非常可观的收入。这个事例再次说明，只要你是生活中的有心人，留意身边的细节，幸运之神就一定会和你拥抱，让你成功。

处处留心处处都是机遇，要做生活当中的有心人是因为机会往往来得很偶然。因此，只有留心、用心的人才有可能在机会来临的一瞬间捕捉到它。这样成功的事例有很多。例如，世界上第一个防火警铃就是在实验室的一次实验中偶然发明的。

世界上有很多伟大的发明创造来自偶然事件。被称为"杂交水稻之父"的我国农业科学家袁隆平，发明杂交水稻也是如此。袁隆平有一次在稻田里，发现了一株自然杂交的水稻。由此，他想到原来认定的水稻不能杂交的结论可能是个错误。于是，通过艰苦的科学研究，他攻克了一个又一个难关，终于成功地培育出了杂交水稻，成为举世闻名的科学家。

面对许多这样成功事例，你也许会说，我整天都坐在果园里，苹果树上的苹果把我的头都快砸烂了，为什么我就没有发明出一个什么定律？可能你还会说，我一年四季都不停地在稻田里转悠，我的脑子都快要被水稻装满了，自己也快要变成水稻了，可我怎么就没有发现一株自然杂交的水稻？

的确如此，这就是普通人和科学家牛顿、袁隆平的区别。如果这世界上没有牛顿，我们人类则有可能到现在还不知道万有引力定律；如果这世界上没有袁隆平，那么人类也许将永远身陷水稻不能杂交的误区，仍有很多人都无法填饱肚子。所幸的是世界上出现了牛顿、袁隆平这样的科学家，为人类拨开了头顶的乌云，使人们得以看见更多的希望与光明。那么，他们成功的原因是什么呢？

首先，要捕捉到成功的机遇需要一定的专业能力，这是不言而喻的。其次，就是他们有一双能够发现机会的慧眼，他们的捕捉机遇的法宝就是处处留心，所以机遇之神才会一次又一次地光顾他们。若以知识而论，很多人的物理学知识不比牛顿少，对水稻的了解也并不比袁隆平差。所以，善于用自己的慧眼捕捉身边的机会，这才是牛顿、袁隆平与一般人的区别。

　　机会可能会以多种形式降临到我们面前，我们要做的就是留心。老实人，不要抱怨上天不给自己机会，要捕捉机会，你就得培养平时留心身边事的习惯，时刻准备着迎接、拥抱每一次光顾你的机会。只有这样，你才能走向成功，改变现状。

魔力悄悄话

　　有人把机遇比喻成美丽而性情古怪的天使，她来到人们的身边时总是悄然无声，以致有很多人都没有觉察到。因此，你若不留心她就稍纵即逝，离你而去，不管你怎样扼腕叹息，她却从此杳无音讯，不复再回。

第六章
巧言说出真诚话

　　人是有思想有感情的动物，而表达思想感情就要提高自己的语言能力，提高自己的心理素质，克服交流障碍，学会表达你自己。老实人尤其需要注意，只有正确表达内心的想法，才有机会改变不理想的生存环境。

　　说话是一种艺术，会说话的人更容易让自己成功。说话就是让自己成功的"小手段"。相反，一有什么事情就口不择言，胡乱说话的人。就正好犯了一个忌讳。言为心声，一旦你说错了话，这无形当中就为自己设定了圈套。所以，对于老实人来说，说话也不是一件容易的事，要长久地实践才能练出能言善辩的功夫。

做个心口如一的人

人是有思想有感情的动物,要表达思想感情就要提高自己的语言能力,提高自己的心理素质,克服交流障碍,学会表达你自己。

随着社会的发展,人与人之间的关系越来越复杂,也越来越密切,因此,社交就变得非常重要。由于人们互相接触的机会在增多,语言沟通的重要性在提升,所以口才已经成为影响生活及事业的重要因素。

人首先要学会的就是表现自己。一个不善言谈的人很难引起众人的注意。尤其是老实人,"茶壶里煮饺子,肚里有倒不出"。这样在现代社会里是难有所作为的。

不会说话使老实人会遭遇很多麻烦。首先,没人理老实人,别人在一起很热闹,老实人一个人茕茕孑立,顾影自怜,很难受;其次,老实人在现代社会里找不到自己的位置;再次,不会说话容易得罪人。

三国时,有个名士叫祢衡,虽然才高八斗,却终因不会说话而送了性命。他进了曹营就说曹操手下空无一人,有的不过是些书呆子、衣服架子、酒囊饭袋,气得这些人要杀他。

曹操给了他一个小官,他就大骂曹操:"你不识贤愚,眼睛污浊;不读诗书,口齿污浊;不听忠言,耳朵污浊;不通古今,身体污浊;不容诸侯,肚量污浊;常怀篡逆,心灵污浊。我是天下名士却让我做小小的鼓吏,这跟臧仓毁谤孟子没什么两样。你想成就霸业,谁知却这么不尊重人才!"曹操说:"好,我现在就派你出使荆州,只要能劝得刘表来降,就让你做公卿。"

祢衡不愿意去,曹操就派人挟持他出门。祢衡来刘表处同样一番言语。刘表也很不高兴,要他去见手下大将黄祖。二人喝酒时,黄祖问:"你看我是个怎样的人?"祢衡说:"你跟庙里的泥菩萨没有两样,虽受供奉,一点也不灵验。"黄祖气坏了,立即下令杀了他。

　　像祢衡这样的人虽满腹才华,却不懂得巧妙运用语言,本来是想寻找一个明主有一番作为,最后却因为自己失言把命都送掉了。综合一般的观点,老实人不会说话有以下表现:说话不看对象;说话不连贯;说话不得要领;说话没有主题;说话口齿不清;说话重复啰唆;说话过快或过慢。

　　由此可见,不会说话一是不得要领,二是缺乏自信,三是不敢表现自己。老实人只要克服上述毛病,就会说话了。会说话的人,善于用准确贴切、生动活泼的语言表达自己的思想和感情。他们有以下特点。

　　(1)有同情心,他们会设身处地替他人分忧。

　　(2)有自己的谈话风格,个性鲜明、惹人喜爱。

　　(3)有好奇心,常对某件事追根究底,表现出想要知道更多的兴致。

　　(4)充满热情,让人感觉他们对所从事的活动抱着强烈的情感,听别人说话会很认真。

　　(5)能从崭新的角度看事情,能从大家熟悉而又不在意的事物中提出令人意想不到的观点。不会喋喋不休地谈论自己,不自吹。

　　(6)有幽默感,不介意开自己的玩笑,擅长调侃自己。

　　(7)有宽广的视野,他们思考、谈论的题材超出一般人的生活范畴。

魔力悄悄话

　　人是有思想有感情的动物,而表达思想感情就要提高自己的语言能力,提高自己的心理素质,克服交流障碍,学会表达你自己。老实人尤其需要注意,只有正确表达内心的想法,才有机会改变不理想的生存环境。

真诚说话的艺术

　　说话也是一种艺术，会说话的人，能更容易让自己成功。对于老实人来说，说话也不是一件容易的事，要长久地实践才能练出说话功夫。

　　如果有人问你："你会说话吗？"你一定觉得可笑，只要是正常人，谁不会说话？实际上，问题并没有那么简单。谁都会说话，但有些老实人说话，经常口不择言，像机关枪扫人，一阵狂扫，只顾自己痛快，不顾别人死活，最后没有半点用处，甚至还会误了事情。

　　我们还是先看几个笑话。

　　一剃头师傅家遭劫。第二天，剃头师傅到主顾家剃头，愁容满面。主顾问他为何发愁，师傅答道："昨天晚上，强盗将我一年积蓄劫去，仔细想来，只当替强盗剃了一年的头。"

　　主人怒而逐之，另换一剃头师傅。这师傅问："先前有一师傅服侍您，为何另换小人？"主人就把前面发生的事细说了一遍。这师傅听了，点头道："像这样不会说话的人，真是砸自己的饭碗。"

　　有一人请客，4 位客人有 3 位先到。这人等得焦急，自言自语道："咳，该来的怎么还没来。"一客人听了，心中不快："这么说，我就是不该来的来了？"告辞走了。

　　主人着急，说："不该走的又走了。"另一客人也不高兴了："难道我就是那该走又赖着不走的？"一生气。站起身也走了。主人苦笑着对剩下的一位客人说："他们误会了，其实我不是说他们。"

　　最后一位客人想："不说他们就是说我了。"主人的话未完，最后一位客人也走了。主人一脸无奈。

　　由此看来，如果我们说话口无遮拦，不加检点，就可能引起误解，伤人败兴，招惹麻烦。

　　我们要注意说话的对象、场合、气氛，不要口不择言，想说就说。像饭馆服务员上一盘香肠,说:"先生,这是你的肠子。"或有些人去菜市场,问卖肉的:"师傅,你的肉多少钱一斤?"这类笑话,我们要注意避免。

从此可见,说话难,说真话、说实话更难。明朝人吕坤认为,说话是人生第一难事。像上面所说的情况,还不是太难的。只要注意语言修养,慢慢就会改掉不足。但是,想把话说得有水平,有修养,就很难了。

有一次,《实话实说》的节目主持人崔永元谈到了办节目遇到的一些事。他说,现在世道变了,"文字狱"时代已成往事,说真话已不会闯下大祸,但"说实话免遭迫害,可不一定能免遭伤害"。另外,《实话实说》栏目请过几百位嘉宾来侃谈。

有一位嘉宾曾是研究所副所长人选,因做节目耽误了前程,理由是"节目中的观点证明此人世界观有问题"。另一位嘉宾因此评不上职称,原因是"喜欢抛头露面不钻研业务"。

有一位嘉宾是电台记者,回去后被领导审查,认为他一定是拿了许多钱才会那么说。另外,一报社记者参加的节目一经播出,立刻感到人言可畏,人们说他出风头,什么都敢说,恶心。

还有一位老年女性在节目中真诚表露了自己的人生感受,结果好多人打听她是不是神经病……

最后连主持人都苦恼地说:"所以连我自己有时都怀疑,节目到底能做多久?"他也体会到了"人生唯有说话是第一难事"。

另外,说话的技巧也很重要,但不可以放弃原则。如果违心地说话。那技巧就变成了"帮凶"。崔永元说得好:"也许有一天我们会讨论技巧,我们用酒精泡出了经验,我们得意地欣赏属于自己的一份娴熟时,发现我们丢了许多东西。那东西对我们很重要。"所以,说话更重要的是坚持原则,不坚持原则,丢掉的就是人格。曲意逢迎只能避开一时的麻烦,得到的是良心上的永久不安。

生活中见人说人话,见鬼说鬼话的人实在太多了,甚至还有"指鹿为马"的,明明是这么回事,有人偏偏说成那么回事,刚才还这样讲,一转脸又那样讲了。这样随风转舵,言不由衷,自欺欺人,活着也一定很累。

俄国作家契诃夫笔下的"变色龙",就是这样很"累"地不断自打嘴巴地说话的,我们做人自然不能这样。

　　说话难,那是不是就要沉默是金,闭口不言了? 当然不是。人越来越大,说话反而越来越难。老实人心地耿直,说真话又不得罪人确是难事。那么,如果我们实在想说,如鲠在喉,不吐不快,又不知道该怎么说时,怎么办?崔永元出了个主意:那就实话实说,就像来自德国的教练施拉普纳对中国足球运动员说的:"当你不知道该把球往哪儿踢时,就往对方球门里踢!"

魔力悄悄话

　　说话是一种艺术,会说话的人更容易让自己成功。说话就是让自己成功的"小手段"。相反,一有什么事情就口不择言,胡乱说话的人。就正好犯了一个忌讳。言为心声,一旦你说错了话,这无形当中就为自己设定了圈套。所以,对于老实人来说,说话也不是一件容易的事,要长久地实践才能练出说话功夫。

真诚"建议"绕个弯

对于对方不合理的地方,敢于直言不失为一种勇气,但也可能得罪人,那么,何不绕个弯说? 这样既能达到劝谏的目的,也给对方留足了面子。

春秋战国时期的晏婴对自己的君主齐景公的劝谏,基本上都能做到忠言不逆耳,其中的一些例子也是足以让后世效仿。

"踊贵而屦贱"的劝谏可谓是最著名也最巧妙的。当时,齐景公多次向晏子赠金,而且试图用多种理由说服他接受,但多被晏婴一一拒绝。晏子衣着简朴,住宅简陋。齐景公知道后,觉得过意不去,打算更换晏子的住宅,便对晏子说:"您的住宅靠近集市,不仅声音嘈杂,尘土飞扬,而且地势低洼,狭窄潮湿,实在不能居住,请您搬到宽敞明亮、干燥宜人的地方去住。"晏子听了,表示拒绝,对齐景公说道:"住这所房屋,已经觉得很奢侈了,况且齐国的先代贤臣也是居住在这里,我还嫌自己的资格够不上继承这所房屋呢! 我住在靠近集市的地方,买东西很方便,怎么敢再麻烦您为我另建房屋呢?"

齐景公见晏婴不肯更换房屋,便跟他开玩笑说:"您的住宅靠近集市,您知道东西的贵贱吗?"晏子回答说:"怎么能不知道呢?"齐景公说:"那么,什么东西贵,什么东西便宜呢?"

晏子本来对景公滥用刑罚,致使很多犯人被砍断脚的状况很不满意。知道市场上卖假肢的逐渐增多,现在齐景公问集市上什么东西贵,什么东西便宜,不由灵机一动,想借机进谏,便回答景公说:"集市上假肢贵,鞋子便宜(踊贵而屦贱)"。

齐景公听了,脸色变得严肃起来,顿时明白了晏子的用意,从此减轻了对犯人的刑罚,晏婴也受到了百姓的尊重和爱戴。

俗话说:"伴君如伴虎",侍奉君王一言不慎就可能招来杀头大罪。但晏婴对齐景公的劝谏是无时不有,无处不有,难道晏婴就不怕死? 当然不是。他自有一套劝谏的妙招。

有一次，景公请鲁国工匠为他做鞋。鞋带是黄金制成的，上面镶银，用珠宝连缀，鞋眼儿用玉石制成，鞋长一尺，十分美观。

农历十月天，景公穿着这双鞋入朝。晏子入朝，景公想起身相迎，因为鞋太重，他只能抬起脚，却迈不动步。他问晏子："天气是不是很冷呢？"晏子说："大王怎么会问起天气的冷暖呢？在古代的时候，圣人做衣服，讲究冬天穿着轻便而暖和，夏天穿着轻便而凉爽，现在您的这双鞋，寒天里穿上会感到很冷，重量也超过一般人的承受能力，不符合生活的常理，您做得太过分了。所以说这位鲁国的工匠不懂得冷热之节和轻重之量，破坏了人的正常习惯，这是他的第一条罪状；他使君主让诸侯讥笑，这是他的第二条罪状；浪费财物而没有实效，致使百姓怨恨大王，这是他的第三条罪状。请大王下令拘捕他，并把他交刑房量刑处置。"

景公听了他的话，觉得有道理，但他有些怜悯那个工匠，就向晏子求情，放了那个人。晏婴却不同意，说："对于做了好事的人应当重赏，对花了气力干坏事的人要处罚。"景公听了知道自己无法改变晏婴的主意，不说话了。

晏子走出朝堂，下令把鲁国的工匠抓起来，派人押着出国境，不准他再来齐国，此后，景公脱下那双鞋，再也不敢穿了。

晏子对齐景公，可谓用心良苦，以当时的情况而论，朝堂已失去了凛然的正气和向上的精神，晏子如果采取正面直谏的方法恐怕是不适宜的，只有用迂回而近于戏谑的方法，才适合齐景公良知未泯而又喜欢享乐胡闹的性格特征。

对于对方不合理的地方，敢于直言不失为一种勇气，但可能得罪人，何不绕个弯说呢？这样既能达到劝谏的目的也给对方留足了面子，于人于己都皆大欢喜，何乐而不为呢？

魔力悄悄话

"忠言逆耳利于行"的古训似乎在渐渐发生变化。我们发现，间接表达自己的意见反而容易被人接受，其实，古代的圣贤或交际家已经认识到了这一点。因为，迂回地表达反对意见，可避免冲撞，减少摩擦。

真诚拒绝也要技巧

不要小看拒绝。如果把拒绝的话说得灵活多变,惟妙惟肖,可以使自己不陷入两难状态;如果说得不好,可能就会遭人忌恨,陷入尴尬局面。

在我们的生活中,总要面对各种各样的人事,其中有许多积极的也有许多消极的,有我们赞成的也有我们反对的,有符合自己意愿的也有不符合自己意愿的。

当别人提出了某项要求或请求时,老实人心里明白拒绝了对自己更有利。但是出于面子,"不行"两个字讲不出口。另外,老实人即使说出了"不行"二字,也是直来直去,不讲技巧,这样会使对方感到尴尬、不快,进而认为这个人真不近人情。不要小看拒绝。如果把拒绝的话说得惟妙惟肖,就不会使自己陷入两难境地;如果说得不好,可能就会遭人嫉恨,陷入尴尬境地。如何把拒绝说得恰到好处呢? 这里面有一定技巧。掌握了这些技巧,既可以达到拒绝的目的,又不使对方难堪。所以,让对方保有体面的婉言拒绝才是真正的高招。

1. 寻找借口,借助别人说"不"

在某些情况下,你对问题的处理虽然代表了你自己的意见,但没有说服力,往往使对方难以接受。那么,你可以考虑借助某有威信人士的名义来作为回绝对方的理由。

比如,你在银行工作,顾客要求你延长他的贷款还款期限,而这件事你明知是不可行的,但这是银行的一个大客户,不想得罪他,你就可以说:"李先生,我很想继续延长您的贷款期限,但是我们的律师不同意。"在这种情况下,要注意的是不要说出这个你借助对象的名字,因为这会使对方理解为你在推卸责任,而且引来不必要的麻烦。

2. 用有效建议表示诚意

在工作上,如果想在不冒犯对方的情况下拒绝,你可以提出一些具体建议来表明自己的诚意。

比如,同事请求帮忙时,你可以说:"这份报告我不能代替你来写,但两个星期后的那个计划我可以帮你。"而不要敷衍地说:"这次帮不上忙,下次吧。"这样对方会认为你根本就不想帮忙,谁知道"下次"是什么时候呢?

销售人员能将斩钉截铁地回绝转变为绝佳的顾客服务,实在是高级艺术。方法就在于你应该提供对方几个有用的替代方案。

某销售人员在拒绝顾客的供货时间要求时说:"我无法在下周二前把所有的货送到,但是我有两个替代方案:我可以在下周二提供给你部分货物,剩余部分在星期五交清;或者我也可以在下周二把货物准备好,请你自己来提取。"这样客户有了选择的余地,他会感觉到你是为他着想。

3. 动之以情,晓之以理地说"不"

当你学会拒绝的艺术时,你会懂得最好的拒绝不是用不近人情的说教劝服人,而是给对方提一些他能够接受又对自己有利的建议。

有一位销售壁纸的小姐,她的一位顾客订了一种壁纸,销售小姐为她提供了很好的售后服务,送壁纸到家,并帮她贴好。工作刚刚完成,这位顾客突然打电话来坚持要求退货,她说她丈夫不喜欢这种壁纸,所以她改变了主意,想要另一种图案的壁纸。

销售小姐没有马上拒绝,她说:"张太太,我很抱歉你先生不喜欢你所选定的壁纸,但我们已经按照订单将壁纸装好了。我虽然不能退你钱,但是可以在新壁纸的价钱上,给你相当的优惠,而且我们愿意免费为你去除旧壁纸。除了这个办法以外,也许过段时间你可以说服你先生,你买到的是最好的壁纸,是现在非常流行的图案,而且颜色也很适合你们家。"后来的结果是,这位张太太不再坚持退货,而且不久她又从这位销售小姐手里买走了另一种壁纸。

4. 先肯定,后说"不"

人都喜欢听顺从自己的意见。所以即使有些是别人不对的地方,如果一开始你就说:"你不对!""你错了!"别人也不愿意接受。相反,你先肯定对方的某些细微之处,再表明自己的态度,对方才有可能考虑你的提议。比如,你说:"我也同意你的这些说法,但是在目前的情况下,我们只能……"或者"我以前也是这么想的,但是后来我发现……"要学会艺术地说"不",首先就要懂得运用"但是"。

5. 说明拒绝的理由,再把可行的条件讲出来

"不"是一个让人反感的字眼,所谓拒绝的艺术就是尽可能将一个黑白

分明的字眼转为有层次的灰色。

只要你在说"不"时,清楚地阐明何种情况下才是可行的,就可以坚定地拒绝对方,而又不至于听起来不合理。

以银行工作为例,对要求增加贷款而实际上又达不到要求的客户,可以用以下的理由来拒绝:"我们无法扩增您要求的 5 万元贷款额度,但是我们可以先为您提供 1 万元的临时贷款,等我们之间的业务往来达到一定数量的时候,再考虑增加您的信用贷款额度。""我们不能提高您的贷款数额是因为您有延迟还款的记录。如果您愿意,我可以在半年之后再检查您的信用记录。这样您就有充足的时间,结付一些未清的款项。届时我们再讨论您的申请。"

6. 幽默诙谐,乐呵呵地说"不"

电视剧《宰相刘罗锅》的主题曲中有这样一句:"百姓心中一杆秤。"其实每个人的心中都有一杆秤,也可以说就是个人利益的天平。如果某人提出要求,触犯了我们自己的利益,我们心里就会犯嘀咕:"凭什么要牺牲我的利益呢?"这是很自然的想法。但我们都应该有一个原则。就是个人利益与大家的利益冲突时,应把大家的利益放在首位。这是一个人品质好坏的衡量标准之一。但大多数情况涉及不到国家利益、集体利益,在这种情况下,我们为了维护自己的个人利益就要勇敢地说"不"。

不同的人在社会中,扮演着不一样的角色,每个人所面临的情况也各不相同。每个人都应该明确自己的职责,做自己该做的事。但是,有时我们又需要面对一些对自己有压力或违背自己意愿的事情,这就需要我们拒绝。

魔力悄悄话

如果老实人懂得拒绝,就能巧妙地将自己从一些不必要的事物中解脱出来。因此,如何拒绝他人十分重要。拒绝他人也需要一定的技巧,因为它不仅塑造我们良好的形象,也对我们处理好与各种人之间的关系有着积极的意义。懂得拒绝,使自己不陷入两难境地,还能得到别人的信任和爱戴,这是拒绝的至高境界。

对别人的羞辱要有力地反击

俗话说:"马善被人骑,人善被人欺。"在现实生活中,人太老实有些人会不把你放在眼里,甚至想法欺负你,不管是行动上,还是在语言上,例如,不怀好意的挖苦、讽刺。

此时,有的人会按捺不住怒气而与别人大干一场;有的人会视若无睹、听而不闻,多一事不如少一事。其实这都不明智。老实人也应该反击,但不是动拳脚,而是用语言,正所谓"君子动口不动手"。

下面为老实人列举几种应对侮辱性语言的方法。

1.**"你父母是怎样教你的?"**

谈话之中突然牵扯到父母,这是最令人冒火的事。但是。你千万别为父母受了指责而大打出手,对方与你父母无冤无仇,并不真打算侮辱他们,他的目标多是惹你发火。在这种情况下,老实人可以用下列方法应付。

方法一,装傻充愣。你说:"我是爷爷奶奶带大的。"

方法二,侧面躲避。你默默想一会儿,再说:"我记不得了,恐怕得麻烦你自己去问他们。"

方法三,正面回击。可以做肯定的答复回敬他:"我只记得一点,那就是不可以问这样没礼貌的问题。"

2.**"你说话之前应该先想想。"**

什么人说话之前不先想过呢? 对方这样说,并不是真的提醒你想一想,而是指责你说了令他不悦的话。在这种情况下,老实人可以用下列方法应付。

方法一,接受他的好意:"好,我尽力而为就是。不过,我一向习惯在你说话之前先想。"

方法二,采取幽默的方法,为他抱不平:"可是我想了你不想,对你不是太不公平了吗?"或"我在这儿想,冷落了你,太失礼了。"

方法三,报以微笑,然后默默不语,如果他不耐烦了,想再说什么,你就打断他:"嘘!我正在想呀。"

3."我不要跟你这种人讲话。"

争执时,每当出现给别人定性的言语总是会让人不爽,但转念一想,这样可恶的人决定不和你讲话,是你该觉得幸运的事,你就该坦白表示出来。在这种情况下,老实人可以用下列方法应付。

方法一,他这句话是对你讲的,你当然可以说:"哦?抱歉,我还以为你是在和我讲话。"

方法二,假装没听清:"你说什么?""你是说……?""我没听清,你再说一遍好吗?"不管他是否肯再说,都是他输了。假如他果真糊里糊涂再说一遍,你就以牙还牙:"抱歉,你这种人说的话我听不见。"

4."你少来这一套!"

这是不太重的话。即便是当众对你说了,你仍应该礼貌地答复。回答的方式不外乎一般客套:"不必客气。""请笑纳。"

如果是你说的一句话惹怒了对方,而使他说出这样的话,你觉得他的怒意莫名其妙,你的话可以说重些:"本是你应得的,何必谦虚?"

5."你以为你是什么人?"

这样的话是要你对自我认识产生疑问——你为什么说出这种话?在这种情况下,老实人可以用下列方法应付。

方法一,不要动怒,索性把他的话说清楚:"依你的意思,我要是某某人才够资格和你说话,是吗?"

方法二,谦和一点,请教他:"我倒没想过这个问题,你常常自以为是什么人吗?"

方法三,用开玩笑的方式:"我不大确定,不过我一定算是个人物吧,有不少人给我写信呢。""现在吗?我自以为是受害者。""不管是谁,反正是你没听过的人。"或者干脆指指旁边的人:"我以为是他,你再问问他是谁。"

魔力悄悄话

在现实生活中,人太老实,有些人会不把你放在眼里,还会想法欺负你,不管是行动上,还是在语言上。为此,你要学会据理反击。

真诚面对，委婉表达

委婉是说话时的一种"缓冲"方法，是运用迂回曲折的含蓄语言表达本意的方法。委婉语能使本来也许困难的交往，变得顺利、容易。"委婉"是语言中的一种"软化"艺术。

日常交际中，会有一些人们不忍或不允许直说的话题，需要把"词锋"隐遁或把"棱角"磨圆，使语意软化，便于听者接受。说话人故意说些与本意相关或相似的事物，来烘托本来要直说的意思。但是，有的老实人不懂这一套，说话一贯直来直去，有什么就说什么。这无疑使老实人的处境"雪上加霜"了。

老实人说话，该委婉时就要委婉一些。其实，委婉法就是说话时的一种"缓冲"方法，是运用迂回曲折的含蓄语言表达本意的方法。委婉语能使本来也许是困难的交往，变得顺利起来，让听者在比较和缓的氛围中接受你的信息。因此，有人称"委婉"是办事语言中的"软化"艺术。

委婉表达法有很多种，要看你怎样把握，例如：巧用和缓的推托，把"我不同意！"改成"目前恐怕很难办到。"也可以巧用语气助词，把"你这样做不好！"改成"你这样做不好吧？"还可灵活使用否定词，把"我认为你不对！"改成"我不认为你是对的。"这些，都有"软化"效果。具体说，委婉法有以下几种形式。

1. 讳饰式委婉法

在实际的交流中，有时，即使意图和动机是好的，如果语言不加讳饰，也容易招人反感。讳饰式委婉法，就是用委婉的词语表示不便直说或使人感到难堪的话。

例如：售票员见一孕妇上车便说："请哪位同志给这位'大肚皮'让个座位。"尽管有人让出了座位，但孕妇没有坐，"大肚皮"这一称呼，使她难堪。如果这句话换成："请哪位热心人，给这位'有喜'的大姐让个座位。"当有人让出座位时，这位孕妇一般就会表示感谢，并愉快地坐下。

2. 借用式委婉法

借用式委婉法,是借用一事物或他事物的特征来代替对事物实质问题直接回答的方法。

实际上,就是对问者的一种委婉的拒绝,其效果是使问话者不至于尴尬,使交往继续进行。例如,在纽约国际笔会第四十八届年会上,有人问中国代表陆文夫:"陆先生,您对性文学怎么看?"陆文夫说:"西方朋友接受一盒礼品时,往往当着别人的面就打开来看。而中国人恰恰相反,一般都要等客人离开以后才打开盒子。"陆文夫用一个生动的借喻。对一个敏感棘手的难题,婉转地表明了自己的观点——中西不同的文化差异也体现在文学作品的民族性上。

3. 曲语式委婉法

曲语式委婉法,是用曲折含蓄的语言和商洽的语气表达自己看法的方法。有时候,曲语式委婉法比直接表达更有力,更能达到预期效果。

例如,《人到中年》的作者谌容访美在某大学讲演时,有人问:"听说您至今还不是中共党员,请问您对中国共产党的私人感情如何?"谌容说:"你的情报很准确,我确实还不是中国共产党党员。但是我的丈夫是个老共产党员,而我同他共同生活了几十年,尚无离婚的迹象……"谌容不直言以告,而是以"能与老共产党员的丈夫和睦生活几十年"来间接表达自己与中国共产党的深厚感情。

说话要委婉也要懂得含糊,含糊法是运用不确定的或不精确的语言进行交际的方法。

在公关语言中运用适当的含糊,是必不可少的艺术。太直白,极可能伤害对方的自尊,得罪别人。办事需要语词的模糊性,这听起来似乎很奇怪。但是,假如我们通过约定的方法完全消除了语词的模糊性,那么,就会使我们的语言变得十分贫乏,使它的交际和表达的作用受到限制。

例如,某单位领导在给职员作报告时说:"我们单位内绝大多数的青年是好学、要求上进的。"这里的"绝大多数"是一个尽量接近被反映对象的模糊判断,是主观对客观的一种认识,而这种认识有很大的模糊性。因此,用含糊语言"绝大多数"比用精确的数字适应性强。即使在严肃的对外关系中,必要时也需要含糊语言,如"由于众所周知的原因""不受欢迎的人"等。究竟是什么原因,为什么不受欢迎,均是模糊的。

一般情况下,你要求别人到公司找一个他所不认识的人,你只需要大致说明那个人高鼻梁、矮个儿、瘦瘦的、大耳朵，便不难找到了。倘若你具体地说出他的身高、腰围精确尺寸，倒反而很难找到这个人。

委婉的说话方式用途很广，尤其在涉外活动中，遇到"难点"就应巧妙回避转移。

魔力悄悄话

在社会交际中，要学会用委婉和模糊的语言表达，常用于不必要、不可能或不便于把话说得太实太死的情况，这时用有"弹性"的模糊语言，更能达到你想要的结果，比直言或精确的方式更加恰当。随机应变，尤其需要模糊语言，学会"犹抱琵琶半遮面"的表达方法，更有利于老实人获得成功。

实话实说也有技巧

在现实生活中,讲究说话技巧也是很重要的。说话是否有技巧,对老实人办事成效有很大关系。

例如,一位母亲赞美孩子:"你是一个好孩子,有了你,我感到很欣慰。"这话就很有分寸,不会使孩子骄傲。但如果这位母亲说:"你真是一个天才,在我看到的小孩中,没有一个人赶得上你。"那就会使孩子骄傲,把孩子引入歧途,而达不到鼓励孩子的目的。

两个学生各拿着自己的一幅画请老师评价。老师如果对甲说:"你画得不如他。"乙也许比较得意,而甲一定不悦。不如对乙说:"你画得比他还要好。"乙固然很高兴,甲也不至于太扫兴。

这两种话一比较,就显出了说话技巧的问题。老实人想要得到别人的认可,说话技巧是不能少的。

1. 托人办事的说话技巧

托人办事,即使是关系很密切的人,措辞、语气也要合适,不要用命令的口气"你必须为我""一定要完成"等,这样说,有时会强人所难,让人难以接受,而要说"请尽量帮我一把""最好能帮我干到底",给人留下余地。如果是当时难以答复的问题,就要说:"过两天给我一个信儿好吗?"或者"到时我去找你,请你费心"等,托人办事要给人留充分考虑和商讨的时间,让人可进可退。

托人办事,态度要诚恳,尽量向人家敞明自己做此事的目的,把事情的原因、想法告诉人家,说话不要支支吾吾,不要让对方觉得你不相信他。

催问也很有讲究,催问时要客气,语气平和,即使受了冷遇,碰了钉子,或者对方发了火,你也要沉住气,只要问题能解决,受点委屈也是值得的。

2. 催问别人时的说话技巧

催问别人时要注意用语,应多用恳请语气,千万不可用"怎么还不处理呀?""不是说今天就给我答复吗? 为何讲话不算数?""你们到底什么时候解决?""这个月底前必须处理!"等责问句或命令句。如果改换另一种询问口气,可能效果会好得多。

不能有急躁情绪,要耐心地、不厌其烦地登门拜访,申诉你的理由和要求。别指望很快就能得到答复,要有长期作战的心理准备。

催问时间的间隔要越来越短,要造成处理者的紧迫感。频频催问很可能会引起对方烦躁,这不要紧,只要你有理有节就没有关系,只要你坚持不懈,就会带来转机。

3. 应答别人时的说话技巧

如何应答求你办事的人,也是办事能力的一个方面。凡认为对的就回答他一声"很好";认为不对的就回答他"这个问题很难说";自认为可以办到的事就回答他:"我去试试,但成功与否现在还很难肯定。"自认为办不到的事就回答他:"这件事很难办。就目前的情况我看没有多大希望。"

总之,应答求你办事的人,不要把话说得太肯定。太肯定的回答,如果办不成很容易给双方造成不欢而散的后果。一切回答,必须留有回旋余地,如一时不能决定,你可以回答:"让我考虑考虑再答复你可以吗?"或者说:"让我与某某商量后,由某某答复吧。"前者是接受与不接受各占一半,后者多数是婉言拒绝。

如果求你办事的人唠叨不停,你不愿意再听下去,也有方法可以应付。你可讲些其他无关紧要的话转移目标,也可以直接说:"好的,今天就谈到这里。"然后站起身来,说声"对不起,我还有事要办,下次再谈!"求你办事的人会中止谈话,不再与你纠缠。

4. 与陌生人办事的说话技巧

自我介绍通常是交际的起点。由于交际的目的、要求不同,自我介绍的繁简亦应有所区别。

在有些情况下,自我介绍的内容很简单,只要讲清姓名、身份、目的、要求即可。

例如某建筑公司采购员到某钢厂买钢材。他一进供销科的门,就对坐在办公桌边的一位先生说:"您好! 我是某某建筑公司的采购员,来你厂买圆钢,希望你帮忙。"说着掏出名片。那位先生看一下,赶忙说:"我叫李来顺,是厂里的推销员,咱们坐下谈。"通过这样简单的自我介绍,钢材贸易的大门打开了,洽谈有了一个良好的开端。

在另外一些情况下,自我介绍的内容就需要较详尽了,不仅要讲清姓名、身份、目的、要求，还要介绍自己的经历、学历、资历、性格、专长、经验、能力、兴趣等。为了取得对方信任，有时还得讲一些具体事例。近几年来，许多企业实行租赁，公开招标。投标者要做的第一件事就是向招标单位负责人做详尽的自我介绍。下面是租赁××汽车油泵厂的许××的自我介绍：

"我是××工业大学机械加工专业1999届毕业生。2000年起，在××汽车制造厂油泵车间当技术员，负责产品质量检查。

2002年晋为工程师。从2003年起，承包厂服务公司的汽车修配厂，直到现在。这些年来，我一直在研究国内外关于机械加工方面的先进技术，对汽车油泵的品种、规格、型号、质量、工艺流程、销售情况比较熟悉，有一定的管理经验。

我今年33岁，正是年富力强的时期，很想干一番事业。我的思想比较开放，对当前的经济体制改革很有兴趣，想一试身手。关于上述情况，如果有必要，你们可以去核实。

今天来了，就是要和其他的招标者竞争，我相信我是能够胜任的。我这个人做事果断，敢于拍板。只要给我10天时间，就能把厂里的情况搞清楚，拿出办厂的具体方案，提出上缴的利润指标。"

这个自我介绍就比较详尽、有力，因而赢得了招标单位的初步信任，为后来的中标创造了条件。

什么情况下做简单的自我介绍，什么情况下做详细的自我介绍，没有定规，只能视具体情况而定。

一般地说，以联系工作为目的的自我介绍，宜简；以用人交友为目的的自我介绍，宜详。

5. 说话要看场合

美国前总统里根一次在国会开会前，为了试试麦克风是否好使，张口便说："先生们请注意，5分钟之后，我将对苏联进行轰炸。"一语既出，众皆哗然。里根在不当的场合、时间里，开了一个极不当的玩笑。为此，苏联政府提出了强烈抗议。这说明，在庄重严肃的场合是不宜开过头玩笑的。

说话不注意场合，说些不适宜场合的话，会产生与初衷相反的结果。在丧葬场合，说任何喜乐的话、玩笑的话，都会引起当事人的不满；安慰丧亲的不幸者，说急于劝阻对方恸哭的话也是没用的，强烈的悲痛如巨石压在心头,愈压愈重,不吐不快,让其宣泄、释放出来,有利于恢复平静状态。

在一个人情绪失控时,任何安慰都难以使当事人接受。不如等他冷静下来,恢复了理智,再同他交谈为好。相反,在医院里,对身患绝症的病人,说一些善意的谎言,开几句玩笑,却有可能唤起他对生活的热爱,增强他与病魔抗争的决心,就有可能使生命延续得更长久,甚至战胜死神。

陪孩子去考场参加考试,考完一场下来,孩子们必然要对答题状况有所交流、探讨。在这个场合下,如果不客气地批评孩子答题马虎,平常学习不认真,这必然要影响下一科的考试情绪。

在公众酒宴上,若有领导光临,主人受宠若惊,对领导大加溢美之词,就会让别人听了不舒服。有的主人只顾和领导说话,劝领导喝酒,冷落了其他客人,这是要不得的。

聪明人善于抓住时机来达到自己的办事目的。审时度势,因势利导,在不同的场合使用不同的说话方式,这对老实人提高办事能力是大有好处的。

6. 说话要讲究语调

恰当运用你说话的语调,会帮助你顺利办事和处理人际关系。例如,你想请同事帮忙办件事。用柔和音调:"帮个忙,行吗?"同事会很热心地帮助你。

同样,上司给下属分派任务,如果语调运用恰当,职员会愉快地用心地完成任务;如果用毫无商量的命令式语调吩咐下属干活,下属很容易产生抵触的心理。因此。根据人们对说话语调更上心的心理,恰当地运用语调,不失为一种办事技巧。

低沉而缓和的声音更能给对方以难忘的印象。香港的一位著名的节目主持人,在回忆自己成功的经验时说:"想把自己的观点或意见传达给对方时,和对方保持40~60厘米的距离。稍微压低自己的嗓音和对方谈话,效果最佳。"

交流是相互影响的,你的音调会影响到对方的情绪。当你高嗓门说话时,对方为了达到和你同样的效果,也会情不自禁地提高嗓门;如果你以低沉而缓和的语气交谈,即便语气和内容都很强硬,对方也能接受,使交谈能顺利进行,而你也可以给人留下沉稳、有涵养的印象。所以,你要给对方留下难忘的印象,使用低沉缓和的语气往往效果更佳。

"瞬间沉默"能够集中听众的注意力。无论你是演讲、主持节目还是授课,首先必须把听众的注意力集中到你身上。有些演讲者和授课者一上台就立即开始他的演讲，这是一般情况。如果你一开始就想抓住听众的心，在演讲之前稍作沉默，环顾全场，这样，听众知道你即将开始演讲，就会停止与别人交谈或放下手中的笔，而做出准备听你演讲的姿态，这样，一开始你就吸引了听众的注意力，你的演讲就成功了一半。

魔力悄悄话

　　人都有逆反心理，对一件事情，你越是予以否定，对方就越想找出理由来加以肯定。因此，与人谈话不妨采取先否定后肯定、先抑后扬的方式，这样能给人以深刻印象。

直言反驳的 5 种方法

在面对自己的对手时,老实人不能一味退缩,面要运用说话技巧,进行反驳。

一个吝啬的老板叫伙计去买酒,伙计向他要钱,他说:

"用钱买酒,这是谁都能办到的;如果不花钱买酒,那才是有能耐的人。"

一会儿伙计提着空瓶回来了。老板十分恼火,怒道:

"你让我喝什么?"

伙计不慌不忙地回答说:

"从有酒的瓶里喝到酒,这是谁都能办到的;如果能从空瓶里喝到酒,那才是真正有能耐的人。"

显然,老板想不花钱喝酒是不适当的,如果伙计不能机智应对,就要遭老板斥责或自己贴钱给老板喝酒。

在现实生活中,反驳别人的不适当言行可采用这样一些技巧。

1. 委婉点拨

19 世纪意大利著名歌剧作曲家罗西尼创作非常严肃认真,注意独创性,对模仿、抄袭行为深恶痛绝。

有一次,一位作曲家演奏自己的新作,特意请罗西尼去听他的演奏。罗西尼坐在前排,兴致勃勃地听着,开始听得很入神,继而有点不安,再而脸上出现不快的神色。

演奏按其章节继续下去,罗西尼边听边不时把帽子脱下又戴上。过一会,又把帽子脱下,又戴上,这样接连好几次。

那位作曲家注意到了罗西尼奇怪的动作和表情,就问他:"这里的演出条件不好,是不是太热了?"

"不，"罗西尼说，"我有一见熟人就脱帽的习惯，在阁下的曲子里，我碰到那么多熟人，不得不频频脱帽。"

艺术贵在独创，这样才能形成有个性的风格乃至流派；抄袭与模仿，则只能在艺术巨匠的阴影中苟且偷生，令人讨厌。罗西尼对模仿、抄袭行为的深恶痛绝概源于此。然而，直接的指斥会使对方难堪，罗西尼便用体态语及其说明："在阁下的曲子里我碰到那么多熟人"，告诉他抄袭了他人的作品。虽然没有明说，那位作曲家的脸也会涨得通红。

2. 比对方更荒谬

一位记者向扎伊尔前总统蒙博托说："你很富有。据说你的财产达30亿美元！"对于蒙博托来说，这是一个极严肃而又敏感问题。蒙博托听了后长时间地哈哈大笑，然后反问道："一位比利时议员说我有60亿美元！你听到了吧？"

记者的提问显然是认为蒙博托不廉洁，但并没直说，而是用引证的方式表达的，蒙博托如果发脾气正言厉色地驳斥，则既有失风度，又有"此地无银三百两"之嫌；心平气和地解释恐怕也行不通，谣传的事情能够三言两语澄清真相吗？于是，蒙博托除了用"长时间地哈哈大笑"这种体态语表示不屑一顾以外。还引用一位比利时议员的话来反问记者，似乎在嘲弄记者的孤陋寡闻，但实际上是以更大的显然是虚构的数字来间接地否定了记者的提问。

3. 针锋相对

有一位女作家写了一部长篇小说，发表后引起轰动，一举成为畅销书作家。有个评论家曾向女作家求婚但遭到拒绝，怀恨在心，经常在评论中旁敲侧击地贬低这个女作家。有一次文学界举行聚会，许多人当面向女作家表示祝贺，称赞作品的成功。女作家一一表示感谢。忽然那位评论家分开众人，挤到前面，大声向女作家说："您这部书的确十分精彩，但不知您能否透露一下秘密。这本书究竟是谁替您写的？"

女作家还陶醉在众人的赞扬声中，冷不防遇到这样的问题，就在她一愣的刹那，已有人偷偷笑了。女作家立即清醒地估量了形势，做问题以外的争吵于自己不利，她马上镇静下来，露出谦和的笑容，对评论家说道："您能这样公正恰当地评价我的作品,我感到十分荣幸,并向您表示由衷的感激!但不知您能否告诉我,这本书是谁替您读的呢?"

评论家的问话,用意十分明显;而女作家的反问,同样针锋相对,潜台词是说,你从来不认真读别人的作品,所做的评论无非信口雌黄。连书都不读的人,有什么资格做评论?巧妙的反问,使评论家陷入了狼狈的处境。

类似的例子很多。

在一次国际会议期间。一位西方外交官挑衅地对我国外交官说:"如果你们不向美国保证不用武力解决台湾问题,那么显然就是没有和平解决的诚意。"面对这种挑衅性的无稽之谈,我代表回答道:"台湾问题是中国的内政,采取什么方式解决是中国人民自己的事,无须向他国做什么保证。"说到这儿他话锋一转,反问道:"请问,难道你们竞选总统也需向我们做什么保证吗?"

这针锋相对的反诘,使对方无言以对,讨了个没趣,满脸窘态。

4. 运用幽默的力量

有时候需要肯定地表达自己的观点。在受到不合理的阻挠或不公正的待遇时,不妨哇哇叫几声,这是在运用幽默的力量。

当问题已经十分明显,这时再坚持"多一事不如少一事",就是懦弱的表现。

有一家公司的餐饮部,伙食很差,收费又高。职员们经常抱怨吃得不好,甚至谩骂餐厅负责人。有一次一位职员买了一份菜后叫起来,他用手指捏着一条鱼的尾巴,把它从盘子中提起来,冲餐厅负责人喊道:"喂,你过来问问这条鱼吧,它的肉上哪儿去啦?"另一位职员要的是香酥鸡。他发现没有鸡腿,于是他也叫起来:"老天啊!这只鸡没有腿,它怎么跑到我这儿来了呢?"同样,当别人妨碍你的工作时,你也可以提高嗓门回敬他一个幽默。

著名电影导演希区柯克有一次拍摄一部巨片。巨片的女主角是个大明星、大美人。可她对自己的形象"精益求精",不停地唠叨摄影机的角度问题。她一再对希区柯克说,务必从她"最好的一面"来拍摄,"你一定得考虑我的恳求"。"抱歉,我做不到!"希区柯克大声说。"为什么?""因为我没法拍你最好的一面,你正把它压在椅子上!"

在和不喜欢的人相处的时候,运用幽默的力量,既能巧妙地表明自己的态度,又能避免尴尬局面,伤害别人的感情。

5. 循循善诱

俄国伟大的十月革命刚刚胜利的时候,象征沙皇反动统治的皇宫被革命军队攻占了。当时,俄国的农民们打着火把嚷着,要点燃这座举世闻名的皇宫,以解他们心中对沙皇的仇恨。一些有知识的革命工作人员出来劝说,但无济于事。

列宁同志得知此消息,立即赶到现场。面对着那些义愤填膺的农民,列宁同志很恳切地说:"农民兄弟们,皇宫是可以烧的。但在点燃它之前,我有几句话要说,你们看可不可以呢?"农民们一听这话,列宁同志并不反对他们烧,立即允诺道:"完全可以。"列宁同志问:"请问这座房子原来住的谁?""是沙皇统治者。"农民们大声地回答。列宁同志又问:"那它又是谁修建起来的?"农民们坚定地说:"是我们人民群众,""那么,既然是我们人民修建的现在就让我们的人民代表住,你们说,可不可以呀?"农民们点点头。列宁同志再问:"那还要烧吗?""不烧了!"农民们齐声答道。皇宫保住了。

迁怒于物往往是情感朴直、思维简单的表现,关键在于疏导。面对愤激的群众,列宁几句循循善诱的问话,理清了群众思路,提高了其思想认识,保住了这座举世闻名的皇宫。由此可见,老实人的意见可以有淳朴的出发点。接受或者反驳时的方法很重要,人际交往中,正确的反驳方法可以使老实人更成功。

魔力悄悄话

正所谓"秀才遇到兵,有理说不清"。如果一个老实人遇到不友好的人,即使你是动之以情,晓之以理,也没多大作用,何况有的人并不善言谈。但是,在面对这样的人时,老实人不能一味退缩,而要运用说话的技巧,进行反驳。

第七章

诚信是你第二身份证

　　人生活在社会中,总要与他人和社会发生关系。处理这种关系必须遵从一定的规则,有章必循,有诺必践,否则,个人就失去立身之本,社会就失去运行之规。

　　哲人的"人而无信,不知其可也",诗人的"三杯吐然诺,五岳倒为轻",民间的"一言既出,驷马难追",都极言诚信的重要。几千年来,"一诺千金"的佳话不绝于史,广为流传。诚信是公民道德的一个基本规范,诚实守信是中华民族的传统美德。诚信就是自己的金字招牌,不管走到哪里,好的品行都会被别人认可。

我们对自己也要讲诚信

试图在竞争激烈的社会中站稳并成就一番大事,什么最重要?

才华? 勤奋? 人际脉络? 都不是,是诚信。

社会是一个大团体。每个圈子都是一个相对独立的小团体。虽然诚信与法律不可相提并论,但无论大团体还是小团体,诚信都是维系其秩序和可持续发展的重要条件。丢失诚信,你将很快失去伙伴,失去朋友,到最后,无人再敢与你共事。

诚信,首先是重承诺,然后要讲诚实,守信用。——不仅对别人必须如此,对自己,亦应该如此。

但太多时候,我们将对自己的诚信忽略掉了。或者说,我们对自己,完全没有诚信可言。理由很简单:因为无人知道。——无人知道,便可以"不讲诚信"。

比如早晨的时候,你计划晚上要去看望一位朋友。但是一天工作结束,你有些累,于是便决定不去。你决定不去,因为你没有跟你的朋友谈及此事。就是说,既然没有对朋友做出口头承诺,也就没有恪守承诺的理由。但是,请注意,心里的承诺,也是承诺。你没有失信于朋友,但是你已经失信于自己。

比如周一的时候,你计划周末去郊区爬山。但到了周末,或因为事情太忙,或因为你的懒惰,你突然不想去了,并将爬山的计划再一次延迟。爬山乃小事,但因为这件事,你将自己欺骗一次。你对自己失去诚信,可是你非常大度地原谅了自己。原谅自己的原因,只因为那完全是你个人的事情。

比如月初的时候,你计划在这个月读完一本书。但是你天天在忙,将读书的时间完全挤掉。或者,即使你不忙,你还有别的安排,比如喝酒、健身、打牌、会友等等。到月底,那本书,仍然被翻在第一页。读书乃小事,但因为这件事,你对自己失去诚信。你对自己失去诚信,可是你并未发觉。

比如年初的时候,你计划做成一件大事。这件事无人知道,这是你的秘密。可是,或因为工作和家庭的琐事,或因为事情的难度,你终没努力去做这件事情。不努力去做这件事情,不仅因为难度,更因为你内心的懒惰。你对自己失去诚信,你却并不以为然,只因为无人知道。

我们常常会批评不讲诚信的人,但事实上,如果仔细回忆,你大约会发现,其实你就是一个不讲诚信的人。因为无人知道你对自己不诚信,所以,你还可以批评别人,鄙视别人,要求别人。

魔力悄悄话

诚信是一种习惯,当你屡屡对自己失去诚信,那么,距离你对他人不讲诚信的那一天,也许就为时不远了。

——对自己讲诚信,不仅是对你的事业负责,更是对你的人品负责。

诚信胜金

信用是一个人的立身之本,守信用也就是守住自己的人品和人格,是以负责任的态度对待自己。

诚信这个词有点抽象,把它拆开为更方便理解;诚实、信任。诚实的道德约束力似乎只限于小孩子,成年人总能为违背它找理由;只要实现更好的结果,诚实与否有什么要紧? 这是成年人的聪明,也是成年人的烦恼,机关算尽并不一定能改变结果,反而让人丧失了坦然的快乐,引来诸多瞻前顾后、患得患失。要是一路原本地走下去,会简单许多,也快乐许多。而所谓信任,则是相信别人也同样诚实。

宋濂小时候喜欢读书,但是家里很穷,也没钱买书,只好向人家借,每次借书,他都讲好期限,按时还书,从不违约,人们都乐意把书借给他,一次他借到一本书,越读越爱不释手,便决定把抄下来。可是还书的期限快到了,他只好连夜抄书。时值隆冬腊月,滴水成冰。他母亲说:"孩子,都半夜了,这么寒冷,天亮再抄吧,人家又不是等书看。"宋濂说:"不管人家等不等着看,到期限就要还,这是信用问题,也是尊重别人的表现。如果说话做事不讲信用,失信于人,怎样可能得到别人的尊重?"

又有一次,宋濂去远方向一位著名学者请教,并约好见面日期。谁知出发那天下起鹅毛大雪,当宋濂挑起行李准备上路时,母亲惊讶地说:"这样的天气怎能出门呀? 再说,老师那里早已大雪封山了,你这件旧棉袄,也抵御不住山里的寒啊!"宋濂说:"要是今天不出发就会误了拜师的日子,也就是失约了。失约,就是对老师的不尊重啊。所以风雪再大,我都得上路。"

当宋濂到达老师家里时,老师由衷地称赞说道:"年轻人,守信好学,将来必有出息!"

信用是一个人的立身之本,守信用也就是守住自己的人品和人格,是以负责任的态度对待别人,用严格的要求对待自己。

真正的守信者不轻易许诺。是否许诺,要以能否践约为唯一的衡量标准,所以一旦答应了别人,就一定要做到。

魔力悄悄话

汉朝的季布,以真诚守信著称于世。时人谚云:"得黄金百斤,不如得季布一诺。"意思是说,季布许诺的事,比金子还要贵重。后来季布跟随项羽战败,为刘邦通缉,不少人都出来掩护他,使他安全渡过了难关。最后,季布凭着诚信还受到了汉王朝的重用。

"言必信,行必果",看似简单,做起来并不容易。在践约过程中,会有意想不到的阻力压来,因而守信者就更令人尊敬。

人,一旦失去了诚信结局很悲惨

　　一个人一旦失去了诚信,最先失去的是亲朋好友,人没有了亲友就如同鸟儿失去了展翅的羽翼,小船失去了前行的双桨,人失去了思维的大脑。每一个人都能做到诚实守信,社会才会变得更加和谐更加阳光,人格魅力才能变得高尚令人敬仰。

　　如果你在工作上失去了诚信,领导排斥你,同事唾弃你,这时你是否感到自己很孤单? 在这一刻你是否回想自己做到了诚信吗?

　　如果你在处事上失去了诚信,同行憎恶你,乡邻孤立你,是否感到你的世界一片黑暗,在这一刻你是否回想自己做到了诚信吗?

　　如果你在年迈时失去了诚信,家人责怪你,邻里辱骂你,是否觉得你的生命还有意义? 在这一刻你是否回想自己做到了诚信吗?

　　如果你在生意场上拆借资金时候失去了诚信,客户与你断绝交往,没有人再敢为你融资,没人再敢同你做生意,到处说你不守信用,你就成了无源之水无本之木了,更无立锥之地了。客户失去的是讨不回的几个货(借)款,而你失去的是道义、是无价买不回来的人们心目中的信赖关系,别人见了你就像见到瘟疫一样的躲避你。身边没有一个朋友,没人和你叙上一句知心话,没感觉到你在这个世活得很悲哀吗? 当你沦落到一个乞丐,甚至跪地乞讨时也没人会怜悯你的,这时的你还没有意识到诚信对一个人多么重要吗? 既然意识到了就应该和你的客户在生意上不扯皮,资金上算清晰,该算的算该还的还,好借好还再借不难。做人做事要让人看得起,要让人感觉得到钱借给你心里放心,要让人感觉得到和你做买卖心里踏实才行。

　　诚信中的诚,即真诚、诚实;信,即守承诺、讲信用。诚信的基本含义是守诺、践约、无欺。通俗地表述,就是说老实话、办老实事、做老实人。当年无人不知的巨人集团老总史玉柱做脑白金红遍大江南北,因在珠海欲建百层巨人大厦资金链断裂酿成企业背负2.5亿元债务,后来重整旗鼓得到多家银行扶持又做起黄金搭档重新站立了起来。你从中悟到了什么? 诚信重于天大于命。

真诚力——季布一诺赛黄金

生命固然重要,而诚信比生命更重要。如果人失去诚信,就如同生命失去灵魂一样。因为失去了诚信,你会觉得没有人在你孤单时陪你聊天、畅谈;因为失去了诚信,你会觉得自己走在哪里,背后都有人指指点点;因为失去了诚信,你的儿孙因你坑蒙拐骗抬不起头来,他们踏入社会时会因你的污点,世人一样会远离他歧视他,会背上沉重的精神包袱。作为父(母)亲一定不要做损害自己在孩子心目中高大形象的事情,父(母)的言行举止自幼时就潜移默化影响孩子,是孩子健康成长的摹本;你若在孩子心目中失去了应有位置,做有损孩子脸面的事情,孩子一生不仅不能原谅你,还可能憎恨你一辈子。

魔力悄悄话

谁都能想象到失去了诚信的结局,那就请你做个堂堂正正的诚信人。人穷不可怕,怕的就是失去诚信后越发恶劣。一旦没了信任得不到任何人的扶助,将会自生自灭,带着遗憾孤独地悲惨地死去时无一亲友探送。

诚信：创业之本

有调查显示，现在的企业家最看重的财富品质依次为：诚信、把握机遇、创新、务实、终身学习……调查结果表明，几乎所有的企业家都认为诚信非常重要，对这个品质的认可，在年龄、行业等方面都无任何差异。早在调查结果出来之前，中国工商联一位官员就指出，财富品质的核心是诚信，诚信立业，诚信致富。这也不谋而合地给企业家们的选择作了一个最好的注脚：做事情首先是做人。

大凡一个成功的企业，在创业之初，都要经受诚信的考验。企业能够由小到大，由弱变强，无一不需要诚信的支持。

摩根财团是世界上为数不多的巨型公司，有华尔街金融帝国主宰者之称。

1835 年，美国一家名为伊特纳的火灾保险公司组建。当时，面临困境的摩根也报名当上了股东。不凑巧的是，没过多久，就有一家客户不慎起了大火。公司如果按规定全部付清这家客户的赔偿金，那就意味着破产。

消息传出，股东们悲观失望，纷纷要求退还股金。面对困境，摩根把信誉放在第一位，想方设法筹措款项，把要求退股的股东股份全部低价收购，终于使投保的客户一分不少地得到了赔偿金。

摩根虽然当上了伊特纳火灾保险公司的老板，可公司却面临着破产的危险。

为了拯救公司，他只好硬着头皮做广告说：赔偿金一律加倍收取。出乎意料的是，前来投保的客户络绎不绝。原来，伊特纳火灾保险公司以自己的实际行动履行了诚信第一的诺言。摩根的公司从此走出困境，知名度甚至超过了不少大的保险公司。

诚信是企业创立之初的奠基石，是企业文化的重要体现，更是企业核心竞争力的重要组成部分。不守诚信，或许可"赢一时之利"，但一定会"失长久之利"。

对企业来说,诚信与企业的发展息息相关,甚至可以说,诚信就是创业者的生命线。诚信是为人之本,更是创业之本。

魔力悄悄话

在风险投资界有句名言:"风险投资成功的第一要素是人,第二要素是人,第三要素还是人。"这说明风险投资家非常重视创业者的个人素质。在他们看来,创业项目、商业计划、企业模式都可以适时而变,唯有创业者的品质是难以在短时间内改变的,而且决定着创业企业的市场声誉和发展空间。

虚伪的喜鹊

喜鹊到处自诩："我是直筒子性格,心直口快,爱讲真话,从来不怕得罪人。"的确也是如此,喜鹊碰到不顺眼的,总爱唧喳一通,指责一气。比如,见了猪,他要斥责:"光吃不干的懒家伙。"见了狗,他要嘲讽:"尾巴卷上天的东西。"见了驴,他要戏谑:"蠢货,推磨还要蒙眼。"见了麻雀,他要讥笑:"小不点儿,能把人吵死。"……

有一次,乌鸦总管大人下来巡视山林。喜鹊一听到了这个消息,赶忙飞向前,笑脸相迎,喋喋不休地恭维乌鸦:"总管大人,我们太想念您了。见到了您,真幸运。总管大人,您的羽毛真美,你是天下最漂亮的鸟。总管大人,您的歌儿真好听,您堪称鸟王国的最佳歌星。"乌鸦总管走后,一群鸟民围拢上来,七嘴八舌质问喜鹊:"爱讲真话的先生,今天怎么不讲真话了?""乌鸦的羽毛真美吗?""乌鸦的歌儿真好听吗?"

喜鹊窘态百出,支支吾吾,答不出一句话来。公正的猫头鹰出来替喜鹊做了回答。"喜鹊先生,恕我直言。你的所谓直筒子性格,爱讲真话,有对象啊!在于自己无利害关系者的面前,你什么都敢说,什么都能说;一旦到了关乎自己利害的对象面前,你就不敢讲真话了。"

喜鹊的做法是虚伪的,典型的"见人说人话,见鬼说鬼话",最后落得名声扫地,人见人骂。

管理者要做到诚信并不容易,要做到以下几点:

1.绝不朝令夕改

领导下命令,是一门学问。下命令的目的,就是让下属去执行的,而不是显示你权威的工具,所以是开不得半点玩笑的。

朝令夕改,是领导下命令的大忌,这样做很轻易就把自己的形象损失殆尽,今后再下命令的时候,员工总会感觉模棱两可,迟延执行,等待着最后的决议,很容易误事。

2. 绝不轻易许诺

作为主管，一旦对下属许下诺言，就要想方设法去实现。因为在普通员工心里，自己的上司是具有权威性的，所以认为上司的所说的话是有分量的，尤其是许诺，更成为员工的一种寄托。如果主管拿许诺来开玩笑的话，无疑在精神上是对员工一种最巨大的伤害。因此主管的地位在员工心里就会随之荡然无存了。

3. 绝不夸夸其谈

管理者要想在下属面前获得威信，最主要的是要让员工认可自己，也就是心服还得口服。如何做到这一点呢？你绝不能在员工面前夸夸其谈！用事实说话，是最好的办法。如同在下属面前推销自己一样，诚信是第一位的，有事儿没事儿，总和员工大谈特谈自己的光辉历史，不但不利于员工认可你，反而减少了员工对你的信任，一个人的诚信一旦出现了危机，那么，这个人的品质也得到了否定。然而，有的领导在自己的下属面前确实忍不住要夸自己几句，这个时候，最好能够忍住，不为别的，为了你的形象，管住你的嘴巴！

魔力悄悄话

管理者如何才能树立自己在下属面前的威信？其中一个重要的素养就是言行一致，讲信誉。李嘉诚说："坚守诺言，建立良好的信誉，一个人良好的信誉，是走向成功的不可缺少的前提条件。"

第八章
心态好, 做人才真

要想成为成功的"真诚人", 就要有良好的心态。用开放的心看待生活中的人与事。

革命导师马克思说过, 人就是社会关系的集合体, 人生活在群体之中, 必须适应社会, 懂得合群。生存在社会中的人, 没有一个是绝对孤独的, 即使是隐居山林的"隐士"。

想要获得良好的生存环境就不能自我封闭、拒绝一切, 而是要有坦诚的心态, 以真诚的心与人交往, 以"智慧"设计人生, 而不是得过且过。老实人, 更需要打开心扉, 向世人展现自己。

让自己的心扉对外开放

要想成为成功的"真诚人"，就要有良好的心态，用开放的心看待生活中的人与事。

革命导师马克思说过，人就是社会关系的集合体，人生活在群体之中，必须适应社会，懂得合群。生存在社会中的人，没有一个是绝对孤独的，即使是隐居山林的"隐士"。

想要获得良好的生存环境就不能自我封闭、拒绝一切，而是要有坦诚的心态，以真诚的心与人交往，以"智慧"设计人生，而不是得过且过。老实人，更需要打开心扉，向世人展现自己。

有一位女孩叫小薇，读初中三年级。

随着青春期的到来，她慢慢产生了逆反心理，想摆脱父母的约束。她有自己的书房，于是，每天偷偷地写完日记，就藏在抽屉里，不让妈妈看。她希望用自己的心去体验世界，可是面对现实复杂的人际关系以及沉重的学习压力，又感到不安全。于是，她开始变得孤僻，害怕与人交往，产生了莫名其妙的封闭心理。

有时，一个人跑到小河边望着宁静的河水流泪，顾影自怜。她渴望与同学交往，羡慕其他同学能一起快快乐乐，无忧无虑地参加集体活动，可她又害怕别人对她不理解、不接纳。

这是一般孩子都可能经历的"青春期"。自我封闭是非常可怕的状态。它使人与外界隔绝，生活在个人小圈子里，难与人交往，孤单寂寞，发展到一定程度，就成为心理疾病。自我封闭的原因主要有以下几个方面。

1. 过分的自尊心

著名心理学家马斯洛的自我实现心理学，提出了人的自尊需要。每个人都希望自己得到公众的尊重和喜欢，但自尊的需要仅仅是自己的希冀，能否得到,则取决于公众对自己言语、举止、行动的认识。

如果说将自尊的需要作为行动指导,这本没有理论上的错误,问题是自尊心理不能过分。

一个人在社交中如果过分在乎自尊。就会怕自己的行为失当,怕人们挑剔与轻视的眼光,甚至会因此,而不愿与比自己强的人交往。如此思来想去,最终就会把自己封闭起来,不与外界往来,难以适应现代社会了。

2. 由于自卑心理所致

这种心理一般表现为害怕失败,不能正确面对失败。自卑是人们对自己虚设的一种否定。也就是说"自己瞧不起自己",缺乏自信和自强的精神。

日本有学者研究认为,有自卑感的人多属于下列 10 种类型中一种,或是合乎其中两种以上。

①曾经在竞争上输过,且一直难以忘怀;

②被别人的成功压倒,叹息"鸿运"没有降临到自己头上;

③没有测量自己的尺,总以别人的尺测量自己;

④为了追求超过限度的愿望而心浮气躁;

⑤企求赞赏愿望太急切,不时形之于言表,如未如愿,则反过来责备别人;

⑥有自己十全十美的错觉,以为自己能够产生实际产生不了的力量;

⑦企盼做出超出能力的事,由于达成无望,经常消极地嘲笑自己;

⑧不敢面对缺乏能力的自己,刻意逃避自己,事实证明,有自卑感的人,总是畏缩,社交时自然"不战自败";

⑨逢人便说:"我的工作条件不好怎能成功?"借此逃避自己的责任;

⑩经常担心被别人看穿自己的烦恼,因此与人接触总是介意在先。

3. 羞怯心理的影响

一个人如果怕羞,就会担心自己被别人否定。他们总是把别人看做自己的法官。这样,跟其他人在一起就会感到不自在,特别是和名人或比自己水平高的人交往,这种"不自在"好像芒刺在背,久而久之只能把自己封闭起来,不与他人往来。

4. 愚昧无知所致

一位西方心理学家指出:"愚昧是产生惧怕的源泉,知识是医治惧怕的良药。"

例如他人正在谈论的一个话题,如果一个对此一无所知的人加入谈论,便会由于无知而"出丑";若不介入谈论,就会明白地告诉他人,自己是无知于此道。这种进退维谷的局面，便会使他封闭自我，不参与社交，孤立于一隅。

想要成功，获得良好的生存环境，就要克服上述心理障碍，正确认识自己，勇敢面对社会和他人，才能走向成功的人生，成为一个成功的老实人。以下是几点具体建议。

（1）多与别人交谈，心中能容他人也能容自己。话是开心的钥匙，只要多与人交谈就会渐渐地敢于说出自己的心里话，就会养成坦诚相待的心态，就有机会听取别人发表的见解，就会建立友谊。

（2）在别人面前承认自己的缺陷与不足。非但不会丢脸，反而会赢得别人的尊敬。

每个人都有短处，敢于承认自己短处的人是勇敢的人。很多人不敢在别人面前承认自己的缺陷和不足，害怕别人看不起他，其实"头上的烂疮疤盖是盖不住的"，承认它并没有那么难。另外，每个人都有不足，你承认自己不足也没什么可丢人的。相反，你承认自己不足大家会认为你是个诚实的人，值得信赖，就会愿意和你成为朋友。

（3）要敢于表现自己的长处。只要你相信自己有能力去和别人交往，你就会发展自己的长处，不断地显示自己的长处，你会因此而吸引别人的注意，找到自己的志同道合者。不要怕自己不行，要相信自己会比别人做得更好，只要你自信，你就会使自己的长处得到充分发挥。

（4）要有成功社交的愿望。只要你想进入大家的圈子成为其中的一员，想受到大家的欢迎，想有许多朋友，你就要努力学习社交知识，调动你的智慧去掌握社交的技能。

魔力悄悄话

事实证明，只要你真诚地对待别人，不掩藏、不惧怕、不害羞就会走出自我封闭。外面的世界是很容易接触的，主要是看你敢不敢打开心扉，主动地迎接外面的一切。要想成为成功的"老实人"，就要有一个良好的心态，会用开放的心看待生活中的自己和别人。

抱怨会让生活变味

有史以来,世界一直是个相对的世界。有黑一定有白,有好一定有坏,这是永恒的事实。

世上确实有很多不公平的事,也有很多值得埋怨的事。但是,回过头来想想,世上根本不可能会有十全十美的事。而老实人往往只会这样:如果满足于他已有的,绝不会有需求;如果有了不满,只知道呆坐呻吟,埋怨自己的境遇不佳。

如果我们一味追求完美,一定要等到世上所有条件都完美后才开始行动,那么只好永远等下去了,成功是永远等不来的。有的老实人为什么一辈子都干不成一件像样的事,原因正在于此。相反,那些"不老实的人"也对自己的现状不满,但他们起来行动了,力求改变现状而不是埋怨,结果往往成功了。

有一个老实人,一直得不到重用,为此,他愁肠百结,异常苦闷。

有一天,他去问上帝:"命运为什么对我如此不公?"上帝听了,捡起了一颗不起眼的小石子丢到乱石堆中,说:"你去找回我刚才扔掉的那个石子。"

结果,这个老实人翻遍了乱石堆却无功而返。这时候,上帝取下自己手上的戒指,扔到了乱石堆中。结果,这一次,他很快便找到了那枚戒指,那枚金光闪闪的金戒指。

上帝虽然没有再说什么,但是老实人醒悟了:当自己还只不过是一颗石子,而不是一块金光闪闪的金子时,就永远不要抱怨命运对自己不公平。

上天给谁的幸运都不会太多。面对不佳的际遇,一时的坎坷,老实人往往只会抱怨命运不公,却不能正视自己,冷静地审视自己的缺失,问一问是否已经将自己磨炼成一块金子,一块熠熠生辉的足以吸引众人目光的金子。

生命是美丽而精彩的。

面对不幸,老实人所要做的不是怨天尤人,而是承受苦难,直面打击,最终将自己打磨成一块闪闪发光的金子。要知道，上天永远是公平的。等到有一天，你真正将自己打磨成一块熠熠生辉的金子时，任何人任何事都无法掩盖你灿烂夺目的光辉。

约翰快40岁了，他性格内向，为人老实，还受过良好的教育，有一份安定的会计工作，一个人住在芝加哥。他最大的心愿就是早点结婚。他渴望爱情、友谊、甜蜜的家庭、可爱的孩子以及种种相关的事。他有几次差点就要结婚了，有一次只差一天就结婚了。但是每一次临近婚期时，约翰都因抱怨而与女友分手。有一件事可以证明这一点。两年前约翰终于找到了梦寐以求的好女孩。她端庄大方、聪明漂亮又善解人意。但是，约翰还要证实这件事是否十全十美。有一个晚上当他们谈到婚姻大事时，新娘突然说了几句坦白的话，约翰听了有点懊恼。

为了确定他是否已经找到理想的对象。约翰绞尽脑汁写了一份长达4页的婚约，要女友签字同意以后才结婚。这份文件又整齐又漂亮，内容包括他所能想到的每一个生活细节。

其中有一部分是宗教方面的，里面提到上哪一个教堂、上教堂的次数、每一次奉献金的多少；另一部分与孩子有关，提到他们共要生几个孩子、在什么时候生。

他把他们未来的朋友、他太太的职业、将来住哪里以及收入如何分配等，都不厌其烦地计划好了。在文件结尾又花了半页的篇幅详列女方必须戒除或必须养成的一些习惯，例如抽烟、喝酒、化妆、娱乐等。准新娘看完这份最后通牒后勃然大怒。她不但把它退回，又附了一张便条，上面写道："普通的婚约上有'有福同享，有难同当'这一条，对任何人都适用，当然对我也适用。我们从此一刀两断！"

当约翰先生收到被退回的婚约时，还委屈地说："你看，我只是写一份协议书而已，又有什么错？婚姻毕竟是终身大事，不能不慎重行事啊！"

老实人约翰真是大错特错。他可能过分紧张、过度谨慎，但不论是婚姻还是其他事情，都不能过分抱怨，以免所定的每一种标准都偏高。约翰先生处理问题的做法，跟他对工作、积蓄、朋友的交情，甚至每一件事情都很相似。

成功的人物并不是在问题发生以前，先把它统统消除，而是发生问题时有勇气克服困难。我们对事情的完美要求必须折中一下，才不至于陷入行动以前永远等待的泥沼中。当然最好是有逢山开路、遇水架桥那种大无畏的精神。

其实,生活中的老实人总是让自己成为"被动的人",总想等所有的条件都完备后再动手,认为这样才万无一失。而实际情况与理想状况永远不可能100%一致,所以只好一直拖下去了。老实人的理想也就成了空想。

《法华经》中记载这样的一个故事。

有个老实人探访一位有钱又有地位的亲戚富翁。富翁同情他,故热诚款待,结果老实人酒醉不醒。恰好这时官方通知富翁有要事需要他处理。富翁想推醒老实人向他告别,但老实人不醒,富翁只好悄悄地把一些珠宝塞进他的破衣服中。

老实人醒后浑然不知,依然如同往常,生活依然贫困。过了一些时日,两人偶遇,富翁告诉他衣服中藏宝的真相,老实人方才如梦初醒。原来这么多日子以来,自己身上有"小宝藏"也不知道!

如同那位身怀宝藏却仍四处流浪的老实人一样,我们要仔细地"搜查"一下自己的"衣物",看看自己的"财富"到底在哪里? 老实人并不是没有宝藏,而是不擅长寻找自己的宝藏。

魔力悄悄话

有史以来,世界一直是个相对的世界。有黑一定有白,有好一定有坏,这是永恒的事实。一味地想有自己想要的那一面,是绝对不可能的。你只有努力排除抱怨,才能不再有抱怨。这是一个尽人皆知的道理,然而在实际生活过程中,由于人们内心的狭隘,却很难做到这一点,也正因为很少有人做到这一点,生活中才会充斥着抱怨。如果只会抱怨,那他将永远只是一个"老实人"。

情绪诚实才是真诚实

俗语说得好，天有不测风云，人有旦夕祸福。**面对挫折与困苦，面对无法改变的不幸或已成定局的事，最需要的是及时调整自己的心态，做自己情绪的主人。**

在日常生活中，人们难免会遇到一些挫折、困苦等不愉快的事。所以人不会永远都有好情绪，任何人遇到麻烦和困难，情绪都会受到一定影响。但是如果一味地焦虑、愤怒、怨恨，不但于事无补，而且会给自己的健康带来严重危害。这时，面对无法改变的不幸或已成定局的事，就需要及时调整自己的心态，做自己情绪的主人。

一个人在愤怒或忧虑的时候，他呼出的二氧化碳会特别多。这就证明长期忧郁的人，身体状况不佳。

曾经有一个歌手初入歌坛，意气风发。经过一段时间的录制，他的第一首歌终于诞生了。他满怀信心地把录音带寄给了某位知名制作人，然后，他就日夜守候在电话机旁等候回音。

第一天，他满怀期望，情绪极好，逢人就大谈理想和抱负。十几天过去之后，仍然没有音信。他在长期等待之后，情绪开始起伏，胡乱骂人。又是十几天过去，他感到前程未卜，所以闷不吭声，情绪极其低落。两个月过后，歌手已经彻底放弃了希望，他的情绪坏透了，拿起电话就胡言乱语。可是万万没想到这个电话正是那位知名制作人打来的，结果可想而知。

有时候情绪是一个很可怕的东西，如果不懂得控制，不良情绪就会影响心态，甚至自毁前程。这位歌手的例子说明了不良情绪给人带来的危害。当然，也有很多人知道控制，知道怎样去疏导自己的不良情绪，这样的人遇到困难时，就能渡过难关，迎接另一次新的生命。

拉莎·贝纳尔，曾经被誉为世界剧坛女王，但是她的生活也并非一帆风顺。在一次旅行时，突然遇到风暴，她不幸从船的甲板上摔落，足部受了重伤。

真诚力——季布一诺赛黄金

当她被推进手术室,面临截肢的厄运时,她没有被吓倒,却突然念起自己演过的一段台词。别人都以为她是为了缓解自己的紧张情绪,可她说:"不是的,我是为了给医生和护士们打气。你瞧,他们不是太正儿八经了吗?"

拉莎·贝纳尔的手术圆满成功后,她虽然再也不能表演了,但开始了另一种全新的生活,就是以充满热情的演讲,继续和自己的歌迷分享表演的乐趣。那么,是什么使她重新感受到生命的热情呢?是乐观自信的心态。这让她在面对无法抗拒的灾难时,没有怨天尤人,没有抱怨命运的不公,而是勇敢地跳出了恐惧、悲伤、焦虑的情绪,重新燃起生活的激情。

拉莎·贝纳尔的成功正是因为她做了自己情绪的主人,成功地控制了不良情绪的危害和滋生。由此可见,情绪是可以调适的。只要你操纵好情绪的转换器,随时提醒自己,鼓励自己,你就能让自己常有好心态。当不良情绪突然侵袭你的时候,你大可以耸耸肩,从容地告诉自己:"明天还是新的一天!"

魔力悄悄话

一个人的心态和情绪永远处于变化之中,就像空气,抓不住也摸不着。但是,一个人的心态和情绪还是能够控制和疏导的,譬如当你愤怒时,转移你的注意力,出去散散步,听听音乐等,都可以淡化愤怒和不安的情绪。要想拥有平和的心态,就要学会做情绪的主人。

162

不悲观，诚实不是弱者的标签

面对失效，要用一双慧眼穿过岁月的风尘去寻觅灿烂的星星，用坚强的心越过荆棘丛生的生活去触摸未来的辉煌，而不是黯然神伤，向失败低头，那样成功就会离你而去。

人的一生就像一次旅行。沿途有数不尽的坎坷泥泞，也有看不完的春花秋月。

如果我们的一颗心总是被灰暗的风尘覆盖，目光黯淡，心泉干涸，失去了生机，丧失了斗志，人生轨迹岂能美好？还能成就什么大事？

如果我们能保持健康向上的心态，即使身处逆境、四面楚歌，也一定会有"柳暗花明又一村"的时候。老实人缺少的就是消除悲观、坚信未来的心态。

大家也许听说这样一个故事，有两个囚犯，从狱中望窗外。一个看到的是满目泥土，一个看到的是万点星光。面对同样的遭遇，前者持悲观失望的灰色心态，看到的自然是满目苍凉；而后者持积极乐观的心态，看到的自然是一片光明。

当然，在现实生活中，每个人的际遇不同，但命运对每一个人都是公平的。因为窗外有土也有星，就看你有无好心态，透过岁月的风尘寻觅到辉煌灿烂的星星。

先不要说生活怎样对待你，而是应该问一问，你怎样对待生活。生活就是一面镜子。

虽然，悲观失望者一时的呻吟，能得到短暂的同情与怜悯，但最终的结果是别人的鄙夷与厌烦；而乐观上进的人，经过长久的忍耐与奋争，努力与开拓，最终赢得的将不仅仅是鲜花与掌声，还有那饱含敬意的目光。

如果你对自己很有把握，充满了自信，就会保持乐观向上的心绪，相信自己能够做成任何事情。而患得患失以及根深蒂固的自卑心理会影响你的自我感觉，进而影响你获得成功的能力。因此，在个人奋斗中，如果没有把握好自己的心态，就容易犯各种错误。

谁都不想尝试失败的滋味。失败可以让你原本富裕的生命变成一无所有。所以对失败的畏惧是正常的心理状态。但一个人如将这种心态夸大，被畏惧吓倒，就会畏首畏尾，无法前进。所以，最重要的是要想办法去克服这种有害无益的心态。

如果你正在为失败焦虑不安，而你又是如此渴望成功，那么，下列建议或许对你会有所帮助。

1. 预测最坏的结局

"最坏的结果会是什么？"投资一项事业或接受一种挑战之前，不妨先问问自己这个问题，这样再遇到糟糕事就没那么可怕了。

2. 弄清忧虑所在

找出你真正担心的东西是什么。如果你所担心的事情不会因为你的担心而好转，那么为什么还要浪费精力做无意义的事呢？

3. 消除恐惧

妻子担心如果自己挣钱比丈夫多，会令他产生危机感。对于她而言，解决问题的唯一办法就是与丈夫开诚布公地讨论这件事，以此消除恐惧。

其实，换一个角度看失败，失败也是使我们的各种计划更趋完善的一种方式。

所有的人都会有失败的时候，重要的是犯了错误，应及时承认错误并且设法弥补，而不是悲观下去。失败、风险和变革都是个人进步和事业发展中的环节。如果不冒风险，那你永远难有大的进步，重要的是不要被失败所困，找出失败的原因，从中吸取教训。如果不能摆脱失败的影响，你将裹足不前。

魔力悄悄话

生活中的老实人，即使现在你正在饱尝失败的苦难，也不意味着你的整个人生都是失败的。失败只是暂时的受挫而已。只有永远保持积极的心态，你才会离成功更近一些，才能改变自己的生存状态。

用真诚与信念践行自己的人生

信念是一切奇迹的萌发点。纵观古今中外成大事者,无不是从小的信念开始。信念就是对自己的信心,失去了信念也就是失去了自己,就不会有真正的成功。信念是任何人都可以免费获得的。老实人想要改变自己的生存环境,就要坚持自己的信念。相信自己,信念能让人产生奇迹。

罗杰·罗尔斯,是美国纽约州历史上第一位黑人州长。他出生在纽约大沙头贫民窟,那里充满暴力,是偷渡者和流浪汉的聚集地。在这儿出生的孩子,耳濡目染,他们从小打架、逃学、偷窃甚至吸毒,长大后很少有人从事体面的工作。然而,罗杰·罗尔斯是个例外,他不仅考入了大学,而且成为州长。在就职记者招待会上,一位记者问他:是什么把你推向州长宝座的? 面对300多名记者,罗尔斯对自己的奋斗史只字未提,只谈到了他上小学时的校长皮尔·保罗。

1961 年,皮尔·保罗被聘为诺必塔小学的董事兼校长。当时正值美国嬉皮士流行的时代。皮尔·保罗走进大沙头诺必塔小学的时候,发现这儿的穷孩子比"迷惘的一代"还要无所事事。

他们不与老师合作,旷课、斗殴,甚至砸烂教室的黑板。皮尔·保罗想了很多办法来引导他们,可是没有一个是奏效的。后来他发现这些孩子都很迷信,于是在他上课的时候就多了一项内容——给学生看手相。他用这个办法来鼓励学生。

当罗尔斯从窗台上跳下,伸着手走向讲台时,皮尔·保罗说:"我一看你修长的手指就知道,将来你是纽约州的州长。"当时,罗尔斯大吃一惊,因为长这么大,只有奶奶让他振奋过一次,说他可以成为5吨重的小船的船长。

这一次,皮尔·保罗先生竟说他可以成为纽约州的州长,着实出乎意料。他记下了这句话,并且相信了它。

从那天起,"纽约州州长"的预言一直激励着他。罗尔斯的衣服不再沾满泥土,说话时也不再夹杂污言秽语。他开始挺直腰杆走路。在以后的40多年里,他没有一天不按州长的身份要求自己。51岁那年,他终于成了州长。

亨利写过这样的诗句:"我是命运的主人,我主宰自己的心灵。"只有自己才是自己命运的主人,才能把握自己的心态,而你的心态塑造着自己的未来,这是一条普遍的规律。

我们能够把扎根于心灵中的思想和态度转化成有形的现实,不管这种思想和态度是什么。我们能很快把贫穷的思想变成现实,也同样能很快把富裕的思想变成现实。

在现实生活中,有人也许会问:"老天生来待我不公,我生下来就有生理缺陷,那我该怎么办呢?"如果你属于这类"不幸者",那就想想海伦·凯勒的人生经历吧!

还有谁能比一个又聋又哑又瞎的女孩更不幸的呢?可她成了美国著名的作家和社会活动家。

不论一个人在生理上是什么样的缺陷,也不论你是否成年,更不论你老实巴交还是聪明绝顶,都要服从以下的规律:

(1)对那些被积极的心态所激励,想成为成功者的人来说,任何逆境都会同时产生一粒利益的种子。

(2)你确立了目标,努力和劳动就会变成乐事。

(3)人要变成一个成熟的成功者,就必须实践、实践、再实践。

积极的心态比什么都重要。只要你坚信自己能做到,你就一定能做到,不要给自己找借口,因为能打败你的只有你自己,而能挽救你并成就你辉煌人生的也只有你自己。老实人,只有迎难而上,重新认识自己,相信自己,才能创造自己的成功。

魔力悄悄话

只要你坚信自己能做到,你就一定能做到。不要给自己找借口,能打败你的只有你自己,而能挽救你并成就你辉煌人生的也只有你自己。

老实人是如何改变生活的

老实人要想改变自己的生存境遇,提升自己的生活状态,就要努力改变能改变的,接受不能被改变的,最终达到自己的目的,实现自己的愿望。

每一个人都有自己的生活方式,也用各不相同的心态接受外面的世界。许多人有这样的经历:面对困难驻足不前,思维不能灵活地转变,造成了终生的遗憾。一个人想要跨越生命中的障碍,达到一定程度的突破,向理想中的目标迈进,需要大智慧和抉择的勇气。而当你无法改变环境时,就要尽力去适应环境。对于现实,每个人都有自己的感受。如何对待它,只能忠于自己掌握的部分。

有人曾问苏格拉底:"请告诉我,为什么我从未见过您蹙眉,您的心情怎么总是这样好呢?"苏格拉底答道:"我没有那种失去了它就使我感到遗憾的东西。"或许,老实人应该从中感悟到什么,那就是改变自己能改变的,接受自己不能改变的,这样做才是正确的人生抉择。

有这样一个故事。

一条小河从遥远的高山上流下。经过了无数个村庄与山林,只要再穿过一片沙漠就能到达最终的目的地大海。可是面对沙漠这个强大的对手它却步了。它害怕失去原来的自己,试了几次还是不行。于是,渐渐失去了信心,它对自己说:"也许我永远也到不了传说中那个浩瀚的大海了。"

这时沙漠说话了:"小河,不是我有意要拦住你的去路,而是你完全可以不经过我的。为什么不动动脑筋思考一下其他的方法呢?"小河很不乐意地问道:"什么方法?"沙漠说:"你可以找微风帮你。只要你改变你的想法化做蒸气就能到达大海了。"小河心里思量着,犹豫着,想到自己变成河流之前由微风带着飞到半山腰化做雨水落下的样子,它相信微风,所以鼓足了勇气,化为了蒸气消失在微风中,奔向了生命的归宿——大海。

我们所处的世界有客观的存在和改善的存在。当我们面对两种不同的存在时,选择的态度是不一样的。对客观存在的,不能轻易更改的现实,要学会去接受和适应,这也就是我们常说的"适者生存",这也是人类之所以能够统治世界的根本原因;而对于可以改善的存在,如果有足够的能力,就可以去改变它,使其朝着自己希望的方向变化,或者借助这种变化来提升自己的人生。

老实人要明白,放弃原有的并不一定意味着失去所有,因为可以改变的必然会产生新的事物,得到新的获得。任何时候,面对任何事情,都不要只给自己一种选择,那就不能称之为选择,那样的人生不但索然无味还容易遇到更多的困难和瓶颈。毕竟,大道可以人人走,小道只能靠着边。

成功者的人生之路往往是四通八达的,面对问题和困难的态度也是灵活而多变的。也正是因为这种灵活和多变,因为接受和改变,经历的人生才如此丰富多彩。老实人要想改变自己的生存境遇,提升自己的生活状态,只有修炼一颗平常心,努力改变能改变的,接受不能被改变的,才能最终达到自己的目的,实现自己的愿望。

魔力悄悄话

在我们的身边,老实人挺多。他们总认为现代社会太复杂,生存压力太大,生活很累人。其实,每一个人都有每一个人的生活方式,各有各的好,也各有各的烦恼。例如,自觉追求淡然恬静的人,自然是荣辱毁誉不上心,按照自己的原则做人。